优雅女人的幸福理财生活

——有财力的女人才能活出优雅

U0212909

李昊轩◎著

优雅女人的幸福理财生活

——有财力的女人才能活出优雅——

理财并不是一味敛财，理财的终点不是金钱，而是事业有成、生活幸福。
女性朋友们，买漂亮的衣服不如先充实自己的脑袋，
管理你的身价，而不只是关心你的身材！

中国商业出版社

图书在版编目（CIP）数据

优雅女人的幸福理财生活 /李昊轩著.—北京：中国商业出版社，
2012.8

ISBN 978－7－5044－7873－3

Ⅰ.①优…　Ⅱ.①李…　Ⅲ.①家庭管理－财务管理－女性读物
Ⅳ.①TS976.15－49

中国版本图书馆 CIP 数据核字（2012）第 198847 号

责任编辑：张振学

中国商业出版社出版发行

010－63180647　www.c－cbook.com

（100053　北京广安门内报国寺 1 号）

新华书店总店北京发行所经销

北京毅峰迅捷印刷有限公司

*

710×1000 毫米　16 开　16 印张　150 千字

2012 年 10 月第 1 版　2012 年 10 月第 1 次印刷

定价：32.00 元

* * * *

（如有印装质量问题可更换）

幸福生活从理财开始

　　相信广大女性朋友们可能早已听到过这样一句话：脑袋决定你的口袋，口袋决定你一生的幸福，也决定你脸上的笑容。这话说的好，说到了点子上，是对财富认识上的飞跃。很长时间以来，广大女性朋友认为钱是靠打拼，靠奋斗，靠辛苦赚来的。是的，这没错！但仅仅如此，你的一生会在忙碌、无休无止的工作中度过。开源节流不仅仅限于辛劳，一点自由的理财时间，一个正确的理财观念，能够让你经济更独立，生活更有秩序。

　　因此，作为一个独立自主的现代女人，必须要懂得理财。然而，生活中很多年轻的女性朋友都把自己的未来寄托在另一半身上，希望能找个金龟婿，梦想日后能当上全职太太，婚后在家坐享一切，一辈子衣食无忧。遗憾的是，那些不知节俭、不善理财，而又生活幸福的全职太太真的非常少见。与之形成鲜明对比的是，那些会理财的女性更具知性美，从而在别人眼里更具魅力。所以，年轻的女性朋友们更应该以此为鉴，尽早开始理财。

　　"你可以跑不过刘翔，但要跑过CPI(消费物价指数)。"这句玩笑话道出了一个简单的道理。在一个通胀——哪怕只是"结构性通胀"的年代，钱即使存在银行不动也会贬值，更不要说日益增长的物价了。要使自己手中的钱不像夏天的冰棍那样易化，最起码要跑赢CPI。

　　普通工薪层收入有限，都市月光族更是月月见底。钱少了，不够花了，我们该怎么办？这就需要理财观念和理财技能。当然，理财并不是非要等你有了钱才去行动，而是要在现有的条件下保证你的财务安全，提高你的生活质量。

因此，理财本身就是一种生活，它来自于生活的点点滴滴。女人想要一生都拥有富裕而舒适的生活，就必须将理财作为一项长期的事业来打理。所以，不懂理财的朋友一定要及时补上这一课，已经知道一些理财方法的朋友则要精益求精。

本书所阐释的理财观念，就是要你在非常闲适的状态下，心情愉快地轻松理财。书中将理财要点、理财方式、理财特点、理财风险一一呈现在读者面前。如果你想成为一个名副其实的"财"女，那就不要只做"发财梦"了，从现在开始拿起理财的武器，通过对收入、消费、储蓄、投资的学习和掌握，科学合理安排自己的收入与支出，从而实现财富的快速积累，为你以后轻松、自在、无忧的人生打下坚实的基础，早日让你的生活变得更富裕、更独立，也更幸福。

赚钱不在多辛苦，只在思路胜一筹！在现代，时间就意味着金钱，而且女性理财已不是选修而是必修。想要安逸的生活，关键就在你自己身上。看看四周，钱真的无处不在。如今，该走出象牙塔了，学会理财已成为21世纪所有知性女人必须具备的生存本领！

Contents

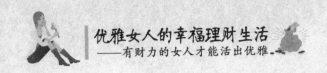

家庭消费——持家有道，当好家庭的 CEO

从容职场——解读女人"薪"事

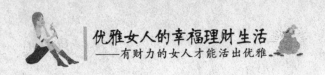
选对方向，让钱生钱——学会理财，打造高超财女

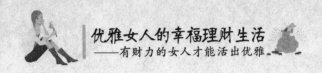

理财新概念
——会理财的女人最幸福

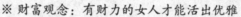

※ 理财思维：经济独立，女人才能真的好命

※ 财富观念：有财力的女人才能活出优雅

理财思维：经济独立，女人才能真的好命

女人一生不该逃的理财课

驼鸟一遇到危险，就把头埋在沙子里……真是好笑，它竟然不知道其实自己身体的十分之九都暴露在危险之中。很多女性对钱采取的正是驼鸟的心态。换句话说，就是把头埋在铜板堆里。女性每天都在钱的包围下生活，为了生存有必要知道什么是钱，但他们却根本不想了解钱的本质，更不想学习投资理财的技巧。

生活中，很多女性认为，从月薪中拿出一些出来作为定期存款，在降价打折扣时购买衣服，这些就是理财的全部内容。男人们至少还能在股票市场上搏杀几回，众多的女性朋友则完全把股票或不动产投资当作与自己无关的事情。

其实，女人的一生总要经历很多，从最初单纯无忧的女孩到事事操心的贤妻良母，随着岁月的流转，女人的一生会发生几次质的变化。但女孩也罢，贤妻良母也罢，聪明的女人都得懂得为自己，为家庭制定理财规划，找到属于自己的理财方法，这样的女人无论是社会中还是家庭中的地位都将得到应有的提高。

在传统的观念中，女人的幸福是建立在丈夫和儿女的身上的。但是在现代社会，这种观念早已经消逝在社会发展的洪流中，女人经济独立是人格独立和人生幸福的基础。而女人要想经济上独立，仅仅有

3

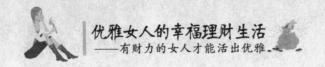

一些固定的收入是远远不够的，女人还必须要学会投资理财，只有这样，女人的人生才会由自己做主。

谈及理财规划，有些年轻女性最容易犯的错误就是好高骛远，总在幻想自己能一夜暴富。这当然是不现实的，理财只有在脚踏实地慢慢地积累和投资的过程中，才能不断提高自己的财富积累，而唯有如此才是你应该秉持的正确观念。

李嘉诚是中国首富、商界奇才。别人向他请教理财秘诀时，他曾经这样说："第一，30岁以前你要重视理财，20岁以前所有的钱都是双手辛苦劳动换来的，20岁到30岁之间是努力挣钱和存钱的时候，30岁以后投资理财的重要性逐渐提高，到中年时如何赚钱已经不再重要，这时候反而是如何理财比较重要。"

这是成功人士给我们的忠告，不要以为自己收入够高，斤斤计较根本就是没有必要。这类人几乎不会做任何的投资或者储蓄，他们宁愿把钱花在玩乐和名牌之上。事实告诉我们，这样做的后果是：无论你的收入有多高，总有一天你会发现，自己收入的增长跟不上消费的需求。

一个有着高收入的人应该有更好的理财方法来打理自己的财产，为了进一步提高你的生活水平，或者说为了你的下一个"挑战目标"而积蓄力量。理财能力和挣钱的能力是相辅相成、不可分割的。

赚钱的机会总有很多，但是如果没有理财的能力。即使你赚了钱，可能也会被自己挥霍掉。要想保持自己财务自由的状态，理财这一课，你不该缺席。

王珊是北京一家外企的大客户管理部经理，工作已经有5年了。因为她工作出色，业绩突出，所以她年收入基本上都在20万左右。这样的高收入似乎根本不用为理财而担心的。王珊为自己添置了一辆大众POLO，每天开车上下班。她从来不在家吃饭，穿戴都是国际品牌。

几乎每天晚上都会在一些高级场所消费娱乐。

这样得意的生活可以用潇洒来形容。王珊一直认为理财是没有必要的，她要求的只是高品位的生活。她打算在不久的将来，为自己买一幢别墅，一般的房子她根本就不感兴趣。她只是在想，等自己谈成一笔够大的项目，就可以买一幢别墅了。

但是，金融危机很快就影响到了王珊的工作。因为经济不景气，所以公司的效益一直不好。看着很多员工不得不离公司而去，自己收入缩水是再正常不过的事情了。而且祸不单行，王珊又收到了父亲得了肺癌的消息。光动手术王珊就必须拿出10万，昂贵的医疗费用很快也让王珊的家庭陷入了经济危机。

因为王珊并没有存下多少钱，父母的仅有的积蓄以及王珊的积蓄都已经用完，但是父亲所需最后一笔医药费还要20万。没有这笔钱，王珊父亲的医疗就只能在这个关键时候停止。王珊最后通过同事和朋友，借到了20万。在这期间真是饱受打击。很多人说什么也不信，平时潇洒的王珊经理竟然被20万难住了。工作了5年，收入也不错，竟然连20万都拿不出来，这让大家都非常吃惊。

理财的目的之一，就是防范各种原因可能造成经济危机。这是很多年轻人在理财的过程中容易忽视的，往往一场大病就会拖垮一个家庭，或者一场车祸就毁了一家的幸福。而这些往往是可以事先避免的，或者事先的一点预防措施就可以在风险到来的时候，将损失减少到最小。

无可否认，人生意外难免，如果不懂得提前预防风险，当风险来临的时候，就会不知所措。在沉重的打击面前，有的人倒下了，有的人熬了过来。那些熬过来的人都是懂得预防风险的人，或者说他们是懂得理财的人。

有很多年轻女性认为"钱是赚出来的，而不是省出来的。"其实

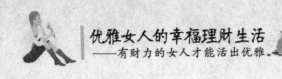
这是一种不切实际的想法，为自己的大手大脚花钱找一个合理的借口而已。年轻人在收入水平不高的阶段，就应该养成节约的习惯，最好能形成储蓄的习惯。只有在脚踏实地慢慢地积累和投资的过程中，不断提高自己的理财能力，才是正确的观念。从现在开始理财，别拿没钱当借口，其实你可以理财，这是人生不该逃的一课。

在撒哈拉沙漠深处生活着一群土著人，在每年的冬天，他们中一些人都会因为缺少水而渴死。因此，他们的人口越来越少，种族面临着灭亡的危险。显然他们不再适应这里恶劣的环境。但是，那些能生存下来的人，都有自己的办法度过冬天。有的人用空的驼鸟蛋装上水，然后悄悄埋在一个地方。到了冬天缺水的时候才拿出来喝掉。有的人用动物的毛片做成水囊来储存水。冬天来了，只有那些懂得储藏水的人才能活下来。

达尔文的进化论是如此的残酷而真实。人生难免会有冬天，理财的目的就是让我们在这个冬天也能温暖而幸福。中国古语曰："凡事预则立，不预则废"，在漫长的人生道路中又怎么能不有所计划呢？

"老有所养"、"幼有所依"是中国自古以来的传统，现代社会这两方面的成本都很高，对年轻人来说是不小的挑战。理财计划能帮助我们完成赡养父母以及抚养教育子女的义务。

无可否认，我们都会老去，随着老龄化社会的到来，现代家庭呈现出倒金字塔结构。想象一下我们老年时候的情景：是穷困潦倒，还是老有所乐？所以及早制定适宜的理财计划，保证自己老年生活独立、富足，应是现代人应该面对的共同问题。

年轻的女性朋友，所有这些问题，你想到了吗？理财的时候，考虑到不同的目的，就应该制定不同的理财计划。

理财投资是每个女人都可以学会也都应该学会的课程。那些认为投资只是金融从业人员和有理财头脑的人才能学会的本事，这是一种错误的认识。如果你以前就开始关心投资的话，那么现在你手里就应该有一笔存款，而且可能正在研究下一年让它增值的方法。趁着不需要多少生活费的时候，开始做投资理财，你将比那些婚后才开始理财投资的人，领先至少十年。

女性理财的方式要随年龄变化

许多理财专家都认为，一生理财规划应趁早进行，以免年轻时任由"钱财放水流"，蹉跎岁月之后老来嗟叹空悲切。

其实，要圆一个美满的人生梦，除了要有一个好的人生目标规划外，也要懂得如何应对各个人生不同阶段的生活所需，而将财务做适当计划及管理就更显其必要。因此，既然理财是一辈子的事，何不及早认清人生各阶段的责任及需求，制定符合自己的理财规划呢？

对于女性来说，投资理财不仅仅是为了经济收入，更多的是一个家庭的合理规划。工作收入是固定的，而理财收入则可能是无限的。女性理财要随生命周期的不同而异，不同阶段应有相应的理财方法。

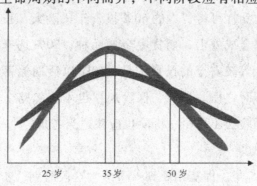

25岁   35岁   50岁

（图一）

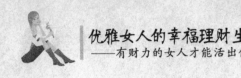

（图一）是人一生当中的支出曲线，人从出生到最后的死亡从头到尾应该说都涉及到各种支出的问题，从一生下来求学、就业、结婚、养育子女、置业到退休养老，应该说都涉及不同程度的费用支出，最高的支出阶段应该是从建立家庭到有子女，甚至于布置房产等阶段。

同时，我们再对照看看人生的收入曲线，它并没有贯穿人从生到死整个过程，而是基本上从人的就业开始，有自己的工资收入或者是其他收入开始，到退休养老，就基本上结束了。

人一到退休的时候应该说他的收入大多数是平整的，有一部分是减少，而且是大幅的减少，所以人的收入曲线只占人生的一个阶段，一前一后两个阶段是没有的。这样，在收入曲线当中就产生了差距部分，这一部分也正是这个领域和我们大家比较关心的，可以用来投资理财的部分。

若把人生分为6个阶段，相应的理财规划可遵循以下原则：

1. 单身期

一般为2－5年，指从参加工作至结婚的时期，这个阶段的女性没有储蓄观念，"拼命地赚钱，潇洒地花钱"是其座右铭。经常听到很多女孩振振有词地说："钱是赚出来的，不是省出来的。"话虽然说的有道理，但赚钱需要有赚钱的本领，只靠埋头苦干是不行的，要学会让钱也帮自己去赚钱。

这一阶段的女性可将资本的60%投资于风险大、长期报酬较高的股票、股票型基金或外汇、期货等金融品种；30%选择定期储蓄、债券或债券型基金等较安全的投资工具；10%以活期储蓄的形式保证其流动性，以备不时之需。最后，保险规划也不可忽略。年轻人有好动的特点，意外保险必不可少，寿险也应该适当考虑。

2. 家庭形成期

一般为1－5年，即从结婚到孩子出生这段时期。步入两人世界的女性，随着家庭收入及成员的增加，开始思考生活的规划。这一阶段的家庭一般都背负着房贷、车贷等贷款，有某种给银行打工的感觉。因此，在理财方面首先要先架上一层安全网，也就是说要做好家庭的保险规划，健康保险和意外保险是此阶段必不可少的，由于女性的生理特征，也要加一些女性保险。

为把家庭变成真正的避风港，女人需要进行家庭风险规划，建立家庭风险基金，增加保险等未来保障型产品。可将可投资资本的50%投资于股票或成长型基金；35%投资于债券和保险；15%留作活期储蓄。保险可选择缴费少的定期险、意外保险、健康保险等。

3. 家庭成长期

一般为9－12年，指从小孩出生到上中学的这一阶段。这一阶段的女性虽然工作稳定，但上有老下有小，孩子的教育费用猛增，父母的身体也开始走下坡路。此时应把孩子的教育费用和家庭生活费用作为理财的重点，确保子女顺利完成学业，父母顺利地安度晚年。

考虑以创业为目的的投资，也可将可投资资本的30%投资于房产，以获得稳定的长期回报；40%投资于股票、外汇或者期货；20%投资于银行定期存款或债券及保险；10%留作活期储蓄，作为家庭紧急备用金。此外，还要适当地增加健康保险和养老保险的保额。

4. 家庭成熟期

一般约为15年，指子女参加工作到家长退休的这段时间。在该阶段，女性工作能力、工作经验、经济状况都已经达到最佳状态，加上子女开始独立，家庭负担逐渐减轻，理财也应侧重于扩大投资。不过这一阶段一旦风险投资失败，就会葬送一生积累的财富。所以，在投资种类的选择上，不建议选择过多高风险投资产品，应先选择一支固定收益类的产品，收益高于CPI即可，作为养老金。剩余资金再去选择一些债券型和股票型的理财产品。随着退休年龄逐步接近，对于风险性投资产品应该逐渐减少。

可将投资资本的50%用于股票或同类基金；40%用于定期存款、

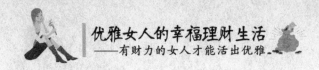

债券及保险；10%用于活期储蓄。但随着退休年龄逐渐接近，应逐渐制定合适的养老计划。

5. 安享晚年期

指退休后，人生到了这个阶段，大多数已经退休。投资和花费通常都比较保守，此时理财的原则应该是身体第一，财富第二。理财方式必须要以稳健为主，保本在此时比什么都重要，最好不要再进行什么新的投资，以前的投资产品也应该把高风险的产品逐步转换为低风险的产品。

可将投资资本的10%用于股票或股票型基金；50%投资于定期储蓄或债券；40%进行活期储蓄。对于资产较多的老年投资者，此时可采用合法节税手段，更有利于财富的积累。

想当"财女"，首先要以富人作为自己的目标

有人认为，理财是富人们的事，的确在理财市场上总是活跃着富有者的身影。但据此认为理财就是属于有钱人的观点是不对的，这是对理财目标的理解错误。理财不同于投资，投资追求高收益，而理财是一种生活战略。理财是为了更好地平衡现在和未来的收支，解决家庭财务问题，保障生活水平的稳定，提高生活水准。富人庞大的资产需求需要保值增值，需要理财。穷人也有生活目标，为了保障基本生活并生活得更好，让有限的资源释放更大的能量，也需要理财。

因此，理财并不是富人的专利，它适于所有的人。其实大多数富人都是通过自己的智慧和努力拼搏而获得财富的。理财也不例外。

有这样一个故事，说的是财富和头脑的关系：

在一个村庄里，一个穷小子对富人说："我愿意在您的家里给您干三年活，分文不取，只要您让我吃饱饭，让我有地方睡觉就行。"富人觉得非常划算，立即答应了这个人的请求。三年后，约定期满，穷小子离开了富人的家。

一晃十年过去了，昔日的穷小子变得富有了，而以前的那个富人就显得寒酸多了。于是富人向他请教致富的经验，并表示愿意出10万金币买他能够致富的经验。他听后哈哈大笑："过去我是用从你那儿学到的经验赚取了金钱，而今你又用金钱买我的经验呀。"

那个由穷变富的人用三年时间学到了富人挣钱的经验，于是他获取了很多财富，变得比那个富人还富有。那个富人也明白了这个人比他富有的原因，为了拥有更多的财富，他只好掏钱购买人家的经验。

一个人要想富有，就必须具有成为富人的雄心。只有这样，你才会去尝试着充实自己，改变自己。要想富有，就必须向富人学习。只有先去学习他们，你才会得到他们富有的经验。也只有这样，你的理财行动才会成功。

"我的人生梦想，就是在买东西的时候不用再去看价格标签了。"这是一位女性朋友和朋友说的玩笑话，可让人听来感受颇深。很多女性朋友都认为，有钱的人总是能在购物的时候，享受更多的乐趣，因为他们不用担心价格的问题。我们也常常看见电视、电影中出现富豪挥金如土的场面。

所以很多人都有类似的感慨，重要的不是理财，而是拥有更多的金钱。其实很多理财专家不止一次地说起，他们所认识的富人多么地节约和克制。他们总是把钱用在合适的地方，而不是像大多数人想象的那样挥金如土。

从现实的角度来看，那些为钱去拼命工作的人并没有什么错，因为与各种不稳定的关系相比，钱反而是更为牢靠、更能带给女人安全

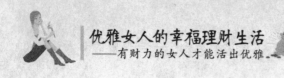
感的东西。钱的的确确是能给人带来更多想要的东西，为钱拼命工作也是无可厚非的事情，在没偷、没抢、没骗，也没去出卖自己的肉体与灵魂的情况下，自己的任何合理收入都应该受到尊重。

喜欢在钱面前"装清高"的人，不妨仔细地想想："钱"有什么错呢？它自身并不会做对不起你的事情。相反，它还可以为你的衣食住行尽职尽责，为你的高品质生活保驾护航。可怕的并不是钱，而是你对钱的错误认识，还有"装清高"之后要面对的各种生活困境。

我们不能否认，在现实生活中，大多数人都想成为富人，想拥有很多的金钱，只是他们都认为这个梦想离自己简直太遥远了，于是就开始安于现状，不再去考虑改变自己现有的生存状态，最终让富人梦成为泡影。如果你也像这些人一样，对于财富与金钱只是想想而已，没有真正地从内心将这种愿望升华为强烈的欲望，那么你在获取财富的道路上就不会有强大的精神力量，最终也很难实现理想。

有一个小男孩，他的父亲是一个马戏团的马术师，所以他从小就整天跟着父亲来回奔波于各地表演。也正是由于这个原因，他的学习成绩一直不理想。一次，老师布置同学写作文，题目是：我的理想。面对这个题目，男孩满怀激情地描述着自己的宏伟志愿，那就是自己想拥有一个属于自己的农场，并且还仔细画了一张农场的设计图，上面标有马厩、跑马场等的位置，然后在这一大片农场中央，还要建造一栋城堡。

小男孩把自己的作文和图纸交给了老师。第二天早上，老师把小男孩叫进了办公室，把他的作文拿给他看，上面写了一个又红又大的"F"。

"为什么我的作文是不及格的？"小男孩满怀委屈地问。

老师静静地说："我劝你还是更改一下你的理想吧，就像你父亲那样做一个马术师不是很好么？你明显做不了农场主，一则你没有钱，二则你们家的家庭背景也很简单。你哪来的钱，哪来的关系去盖一座农场呢？如果你肯重写一个比较实际的理想，我愿意给你及格的分数。"

听了老师的话，男孩非常迷茫，他回家后反复思量了好几次，然后去征求父亲的意见。父亲听了儿子的话之后，只是淡淡地说："儿子，这是你自己的决定，所以只能由你自己拿主意。"

听了父亲的话，小男孩下定决心，第二天仍旧将原稿交给老师。他告诉老师："即使不及格，我也不愿放弃这个梦想。"

20多年以后，小男孩终于拥有了自己的农场，他热情邀请当年的老师来他的农场参观。在离开的时候。老师深情的说："说来有些惭愧。你读初中的时候，我曾经泼过你冷水。这些年来，也对不少学生说过类似的话。幸亏你有这个毅力坚持自己的目标，才有了今天的成就。"

生活的道理同样如此。对于那些没有目标的人来说，岁月的流逝只意味着年龄的增长，平庸的他们只能日复一日、年复一年地重复自己。如果我们想成为一名百万富翁、千万富翁乃至亿万富翁，想做一名出色的商人，以此作为自己生活的核心目标，那么就让它成为指点你走向成功"北斗星"吧。

有人说，一个人无论年龄有多大，他真正的人生之旅，都是从设定目标的那一天开始的。那他以前的日子，只不过是在绕圈子而已。对于那些想要成就自己财富梦想的女性朋友而言，勇敢地以富人作为自己的目标，奋起直追吧！

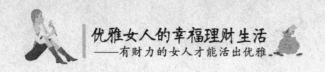

理财改变你的一生

谈到理财，一般女性想到的是投资赚钱。有的朋友说："理财啊？我也想啊，有什么好的股票推荐吗？还是买基金，投资房产？或者自己做生意？"当然，理财包括投资赚钱，但不仅仅是这些。赚钱只是一时之事，而理财是一生的财务安排和规划。理财的目的不是赚多少钱，而是保证财务安全，追求财务自由。

但在生活中，很多人把精力放在了如何增加自己的收入上，而不重视如何去管理自己的资产，在他们看来只要自己能挣钱，够花就可以了，不用费心去理财。但是，理财专家告诉我们，你虽然会赚钱，但是不一定会理财。实际上，理财是一个观念问题，是一种生活态度。就像牛顿看到苹果掉到地上，瓦特看见蒸汽顶开了烧水壶的盖子，阿基米德观察到了澡盆的水外溢，蔡伦发现了不同一般的树皮，正是他们看到了一些新的东西，由此改变了人类的生活方式。

由此可见，正确的理财方法是确保家庭生活长期稳定的重要途径，也是让家中有限资金保值或增值的必要手段。然而，我们身边许多人却不会让钱去生钱，总是让它"烂"在工资卡里！问其原因？答曰："理财那么麻烦，我才懒得理，也弄不懂。"其实，只要利用简单的加减乘除，便可以打理自己的财富，让你过得更幸福！

事实上，在生活中不管是挣钱还是花钱，我们几乎每天都要与钱打交道，只要与钱打交道，我们就有责任对它做好最基本的管理。

犹太人古老相传的一个理财观念是：80%原则。就是，世界上20%的人占有80%的财富，所以要围绕那80%考虑投资，因此，犹太人多经营钻石加工等。但这还不是最高明的。

战国时期，吕不韦曾问他老爹，做什么最赚钱，他爹说："丝绸。"吕不韦问："有更赚钱的吗？"他爹说："黄金，玉石。"吕不韦问："还有更赚钱的吗？"他爹说："人。"所以，吕不韦后来"奇货可居"，最终实现了自己的人生飞跃。

秦国秦昭王50年，派大将王翦围攻邯郸，情急之下，赵国打算杀掉在赵国作人质的秦国王子子楚。子楚和吕不韦商议，用黄金六百斤贿赂看守，才得以逃脱。赵国打算杀掉子楚夫人和儿子，子楚的夫人是赵国豪强家的女儿，得以隐匿，母子才得以活下来。秦昭王56年，昭王去世，太子安国君立为王，华阳夫人为王后，子楚为太子，赵国也把子楚夫人及儿子政送归秦国。安国君即位为王一年后去世，谥号孝文王。太子子楚代立，号襄王。襄王元年，以吕不韦为丞相，封为文信侯，赐食河南洛阳十万户。

这是吕不韦把金钱投资到别人身上的政治投机，现在这样的例子也很多，不过不适合我们，但充分说明对人的投资的重要。

事实上，你不理财，财不理你。要实现经济上的自由，就必须掌握经济的规律；要获得更多的财富，就要学会驾驭金钱的能力。提到理财，人们常常会存在这样的误区，认为理财是有钱人的专利，是投资赚钱。这样的认识是很狭隘的，实际上理财的范围非常广泛，简单地说就是要开源节流、增收节支。核心是投资收益的最大化和个人资产分配合理化的集合，是根据个人对风险的偏好和承受能力，合理安排资金的运用，并使之最大限度地增值的过程。

理财与我们每个人的生活都息息相关。越是经济拮据的人，对风险的抵御能力越差，对改善生活的要求越迫切，便越是需要理财。正是由于工作上的收入极其有限，所以更需要通过理财有效的运用财富，进行合理的资产配置，产生投资收益，改善生活。同时，必须做

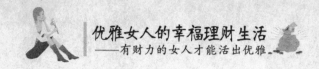

好危机的防范，以提高抵御风险的能力。

一般穷人认为富人之所以能够致富，好的想法是认为他们比别人多几倍的努力工作，或者更加勤俭节约。不好的想法是认为他们仅凭运气好，甚至是从事不正当的行业。但穷人万万没有想到的是，真正的原因在于他们的理财习惯不同。

投资致富的先决条件是将资产投资于高回报率的理财标准上，比如股票、基金或房地产。有的人赚很高的薪水，但这并不意味着他的财商高，只是他的工作能力强。有的人在理财过程中，敢于冒险，可能会有很大的斩获，例如 100 万元的房子卖 110 万，转手就赚 10 万元，这也不能算是财商高，只是他的投机能力强加上偶尔运气好。再比如花 10 万元买了套房子，拿来出租，租金就是稳定的收益。而收益越高，就意味着你的理财能力越强。贫穷者理财，缺的不仅仅是钱，而是行动的勇气、思想的智慧与财商的动机。

《思想致富》中说："上天赐予我们每个人两样伟大的礼物——思想和时间"。轮到你用这两样东西去决定你自己的前途了。如果把钱毫无计划、不加节制地花掉，那么你满足了一时的欲望，得到了贫穷；如果你多花点心思，把钱投资在可长期回报的项目上，恭喜你会进入中产阶层；如果你有更宏伟的目标，把钱投资于你的头脑，学习如何获取资产，那么财富将装点你的未来并陪伴你终生。

据调查，美国家庭的收入一半来自工资，一半来自投资，投资理财在美国人的生活中扮演着极为重要的角色。而在中国，仅仅有百分之二的收入是来自投资所得的，其他百分之九十八的收入主要还是依靠工资，比例严重失调。即使这样，我们中很多人仍然还没有理财的意识，不去学习掌握投资理财的知识，从而失去了改善自己生活的很多良好机会。

随着经济的发展，投资理财已成为可能。随着我国证券市场在规范中不断发展完善，投资渠道投资工具增多，也拓展了资产增值的渠道。个人进行投资理财规划，是幸福的保障，也是对家人的责任。

对于年轻的女性朋友而言，难道你不希望自己的财产保值增值吗？我们提倡科学理财，就是要善用钱财，使自己的财务状况处于最佳状态，满足各层次的需求，从而拥有一个幸福的人生。

因此，一个人一生能够积累多少财富，不是取决于你赚了多少钱，而是你将如何投资。致富的关键在于如何开源，而非一味地节约。试问，这世界上又有谁是靠省吃俭用一辈子，将一生的积蓄都存进银行，靠利息而成为知名富翁的呢？

犹太人是世界上最为出色的商人，他们经商的独特之处就在于他们即使有钱也不会存在银行里。他们很清楚这笔账：把钱存在银行里确实可以获得一笔利息收入，但是由于物价的上涨等因素基本上使得银行存款的利率几乎是相抵消了的。所以，犹太人有钱了一般多是投资实业，要么放贷。他们是绝对不会将钱放在银行里"睡觉"的。犹太人这种"不做存款"的秘诀，其实正是一种科学的资金管理方法。

在中国也同样有这样一句俗语叫做"有钱不置半年闲"，这就是一句很有哲理意味的理财经，指出了合理地使用资金，千方百计地加快资金周转速度，用钱来赚钱的真谛。这对于年轻的女性朋友而言也是非常有借鉴意义的。

经济独立，让女人活的更有尊严

女性经济独立，可以说是人格独立与幸福的基础。女性的依靠，不是丈夫也不是子女，而是自己。

无可否认，人生来就有受到赞美、受到尊重的强烈愿望与倾向，不论民族、文化、历史、家庭、性别和年龄，这是人的共性，女人也

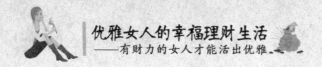
不例外。但女性总是扮演着关怀别人的角色，她们拥有不同于男性的个性特质：温柔、体贴、敏感、圆融等，这些特质可以强化为成功的前提，但是你并不需要把这些特质全部拿来关注别人，却忘了最重要的，那就是关注你自己。女性经济独立，不光是为了追求享乐、为了拥有名牌包包，而是要找回自己，而是为了有能力爱自己，也有能力爱别人。懂得理财拥有财富，女人就可以不必当金钱的奴隶，就能决定自己的生活质量，只有这样女人的人生才会由自己做主。

100 年前，女作家伍尔芙的作品《自己的房间》里特别强调两件事，一是拥有一间不受任何人干扰，可以安心思考的"自己的房间"，另一个是一笔足供独立生活使用的"钱"。如今这个时代，不再需要特别强调男女平权，金钱对女人来说，也成为绝对的必需品了。

女性经济独立可说是人格独立与幸福的基础，女性依靠的不是丈夫也不是子女，而是自己。究其实质而言，结婚本身就是理财，婚姻不是你最大的财富就是你最大的债务。女人不应该因为爱一个人而和他结婚，而是因为人生观、价值观相同而和他结婚。女人愿意嫁给有钱人的想法是天经地义的，这没有错，但嫁给有钱的男人不代表女人可以不工作，财务不独立。一个完全要老公养活的女人不是一个独立的女人，所以我们不主张女人做全职太太。女人不应该因为婚姻而失去工作，只有工作才能让一个女人成为真正财务独立的女人，成为人格独立的女人。尤其在商品经济社会中，获得财富成了获得赞美与尊重的最有效的途径之一，否则你周围的人甚至你曾经最亲密的人也未必会尊重你。

黄奕是某著名商学院的高材生，她在实习期间与公司一位有家室的部门经理产生了一段婚外情。当她实习期结束之后，黄奕来到了北京，在一家大型的跨国公司工作。凭借精湛的专业知识，五年后黄奕小有成就，有车有房，生活无忧。

但是她的情感生活却一直波澜不惊，因为她始终忘不了那个让自己刻骨铭心的情人，后来，她就开始电话联系那位部门经理。有一次，恰巧那位部门经理就在北京出差，黄奕获知此消息后就迫不及待地想去见那位她日思夜想的情人。赴约之前，黄奕为了保持当初学生时的模样，刻意还穿着路边小地摊买来的学生服，看起来简直就像一个家政服务人员一样。

当黄奕怀着无比激动的心情见到昔日的恋人，那位部门经理已经满脸沧桑了。当原先那位部门经理看到黄奕的那身打扮，当即就判断出她的经济条件不会很好，就问她现在在做什么工作。黄奕说自己当前没有工作，只是有时候去给朋友打打杂。她还告诉他，到现在还没有结婚。

这时候，那位部门经理的脸突然变白了，他以为她是来找他要钱的，他意味深长地看了她一眼，然后就对她说："小黄啊，这次出差我也没有带多余的钱，恐怕要让你失望了。"听到部门经理说出这样的话，黄奕开始还没有听明白，等到她看到部门经理那闪烁的眼神后，她顿时感到无比的失望与气愤，原来他将自己看做是靠出卖肉体谋生的女人了。

几年来，她一直将他视为生活中的知己，她以为他是不同于一般的男人的。但是，几年后他竟然会如此地看她。黄奕十分生气，转身就走。此时，她明白了，经济独立对于一个女人来说多么的重要。

任何一个人只有财务独立才能获得真正的独立，因此女人要自立，不能有"靠"的念头，"靠山山倒，靠人人跑"，只有靠自己最好。一个女人只有经济上独立了，才会在生活中获得心理上的安宁。寻找长期饭票的观念现在已经改变，"婚后靠老公，老来靠子女"的观念已经不合时宜，女性必须懂得要以自己的经济力量来生活。因为婚姻并不一定是未来的保障，生命中的变数太多，伤残、疾病、失业、

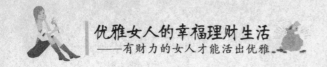
丧偶等都可能使家庭生计陷入困境，所以不论单身或已婚女性都应该管理好自己的财富。

如果一个女人拥有足够多的金钱，她就不会因为生存与家计走上歧路，就不必去死守一份不属于自己的爱情，就不必听那些低素质的男人对自己大放厥词："假如离婚了，男人随便还能找一个 20 岁的女孩，而女人想再嫁就不容易了，尤其是生过小孩的更是嫁谁谁也不要了。"钱可以让女人体面，有尊严地生活着，当然前提是这些财富都是女人靠自己的勤劳奋斗得来的。

但是，在现实生活中还有一种观点就是：做得好，不如嫁得好。有很多女性将婚姻当成自己的依靠，但是她们忽略了一点：经济不独立的女性，就算自己的家人或另一半再怎么有钱，心里也会隐隐地有种不安全感，毕竟伸手向别人要钱的滋味是不好受的。

茵茵毕业之后就嫁给了一个事业有成的中年男人，过着衣食无忧的生活。这让很多人很是羡慕。一开始茵茵也这么认为，她想，婚姻是女人一生最重要的事情，只要嫁给了有钱人，也就握住了人生的一半幸福。

但婚后的生活却完全不像别人看到的那样和谐，表面上茵茵过上了富家太太的生活。但实际上，老公虽然有钱，但是对钱管理得很严，见她天天在家闲着，也从来不会主动给她零用钱花，除非茵茵主动往他伸手要。但年轻的茵茵追求时尚，每次去商场动辄都是消费几千元，这在茵茵老公眼里无疑是一种浪费、挥霍行为。对老公的这种态度，茵茵很是不满，她常常埋怨老公是个"守财奴"、"小气鬼"，于是家庭矛盾便产生了，两人经常会为了家庭开支的问题争论不休，直至大吵大闹。茵茵明显地感觉到，他们的婚姻出现了裂痕，她没想到，自己原本憧憬的美好富足的生活竟然因为金钱而变了质……

俗话说，拿人钱财，替人消灾。在婚姻生活中，不管你处于怎样的地位，当你伸手向你的另一半拿钱时，你们的爱情、婚姻生活也就无快乐而言了。你拿了你丈夫的钱，就必定会在某些方面受制于你的丈夫。当你受制于他时，你就必定要去做一些自己不情愿但必须要去做的事情，那么，不安全感便会充斥于你的生活当中。

如今，是该弄懂什么才能保证让自己最有体面的生活的时候了。想要在男性沙文主义者所构筑的丛林中理直气壮地生存下来，首先就要了解金钱，学会理财。金钱不计较性别，女性与其要在身无分文的生活中不安地生存下去，还不如光明正大地迎战。

对于女性来说，金钱再也不是恐惧的东西，而是要放手一搏的事情。习惯笼中生活的鸟儿，即使打开鸟笼，也没办法马上飞出去。虽然有点害怕，但还是要试着拍拍笨拙的翅膀，才能得到自由。

女性一定要学会理财，一定要经济独立，这样才能够减少忧患。特别是那些有赚钱能力的才女们，不要只凭自己一时的懒惰与矫情就随便将自己的全部托付给身边的男人，而是应该勇敢地从受限的温室中站出来，将自己托付给更为实际的金钱，唯有经济方面的独立才能让你获得切实的安全感！

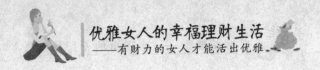

财富观念：有财力的女人才能活出优雅

女人越早理财回报越高

许多人觉得自己刚刚步入社会，用钱的地方很多，存钱理财有难度，还不如等将来工作比较稳定时再开始。其实，这种想法是不对的。理财不分多寡，千万不要告诉自己"我没财可理"，要告诉自己"我要从现在开始理财"，尽早学会投资理财。

对于女人而言，越早学会理财，"早一天开始，多滚一天钱"，就可以避免因理财不当而限于个人破产境地，并且可以从投资理财中得到回报。

生活在现实社会中，世俗就是现实，就是凡事都要从实际出发来思考问题。你应该及早地认识到一份稳定且收入不菲的工作、一套属于自己的房子、一款自己的私车等，这些才是你追求安定幸福生活必备的基础条件。

比如你想置一个新房子，缴纳孩子上学的费用、家人的养老保险金、想实现盼望已久的度假等问题，这些无一不需要金钱作为后盾。因此，在日常生活当中，做好家庭收入预算能保证你的钱能够得到合理使用，使家人满意地分享这笔收入。

预算不应该约束你的行动，也不是让你毫无目的地记录开销，它经过精心的计划，帮助你物有所值，把钱花在刀刃上。合理的预算会让你梦想成真,它会告诉你,怎样节省不必要的花销,以应付必要的大笔投资。

如果你想成为家庭预算高手,就应该多看看那些生活类杂志,那里面有许多相关的经济知识。它会告诉你,怎样利用旧衣服、怎样制作出物美价廉的点心、怎样制作家具等。另外,一般的银行都会开设一种免费预算咨询服务,他们会根据你家庭的需要,告诉你如何做出符合自己实际情况的预算。这项计划是为你量身订制的,因此这种预算的计划价值也就更高。

在广告公司上班的黎淑贤女士,33岁。平时热衷于学习和尝试新的东西,虽然积累了不少的经验和知识,但唯一遗憾的是她通常都只是光说不做。

比如:理财知识她也懂一些,如果和她聊起理财,就觉得像是面对一位理财专家。说到股市,她就摇身变成股评专家。谈到房产,她也能滔滔不绝。不管在哪方面,她的丰富知识都足以让专家惭愧。但在实际当中,她却两袖清风,钱还是没有大的变动。

可见,"打理财富,赶早不赶晚"并非是一句空洞的口号,而应该立即将它付诸于实际的行动。踌躇的瞬间,幸福的晚年又更远了一步。就像早上上班时,如果晚了十分钟出门,可能就会迟到二十分钟一样。今早开始,对自己越有利,也更能加快资产的积累速度。也许你现在对自己的"月光"生活感觉很惬意,也许你认为自己以后还有足够的青春和时间可以去赚钱,也许你觉得凭自己的姿色有"钓到金龟"的可能,也许你现在有一个让你取之不尽的"富爸爸"做后盾,也许你本身已经拥有了超凡的挣钱能力……但你都应该及早地为自己以后的生活做好打算,因为你现在不缺钱,也不等于你以后永远不缺钱,能挣钱也并不代表你能在未来能为自己积累巨大的财富,这个世

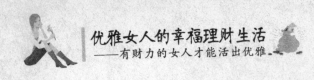
界的变数是如此之大，就连实力雄厚的花旗银行都会破产，可你凭什么就认为自己一直可以这么顺风顺水、洒脱度日呢？

因此，聪明的女人都懂得未雨绸缪的道理，我们相信每一位都市才女都拥有这样的智慧。所以，趁着自己还年轻，多为未来的幸福做打算。

要想理财成功，除了正确的观念之外，我们需要有正确的步骤和方法。观念指导我们做正确的事，而正确的做事方法同样重要。在选对了方向之后，找到一条最合适自己的道路更有利于我们走向成功。

1. 清点自己的资产和负债

理财的关键在于为自己找到合适的理财组合，要清楚和选择各种理财方式就要对自己的资产和负债有一个合理的认识。首先要理清自己现在的资产状况，结合自己的需求再作理财计划。清楚地了解自己或者家庭的资产状况，就需要列出家庭财务表。应该每年更新一遍家庭财务表，然后根据新的资产状况修订理财计划。

2. 安全投资

在很多人的观念中，投资就等于理财，其实投资的含义要简单地多。投资总是有风险的，在保证自身日常和风险必须的资金情况下，根据自己的风险承受能力，将资金分为若干个部分，如稳健的投资、积极的投资、保守的投资等等，目的就是让自己在资金安全的前提下，让投资最大限度地发挥增值的作用。

3. 妥善保管理财文件

如果你是个粗心的人，这一点尤其重要。妥善地保管好一些重要的文件，如存单、房产、契约以及各种合同书等。这些文件不但是一种记录，还是一种法律文件。一方面，整理自己的理财文件可以有效地帮助我们分析自己的财务状况，另一方面也为保护自己的利益提供了有效的证据。

4. 与时俱进的理财计划

社会的变化速度远远超过了你我的想象，生活水平在不断地提高，各种需求和想法也在不断变化，经济形势不断变化，新的理财工具也层出不穷。去年的理财计划很可能就不适应今年的经济状况，所以你要懂得在理财环境变化的情况下，更改自己的理财计划，当然这样更改必须是有充分前提的，轻易更改自己的计划，很可能遭受巨大的损失。

理财需要循序渐进，当然这样一个流程只是为理财提供了更好的保障。做好其中的每一步都是为了让我们理财更成功。而其中每一步都需要我们付出时间和精力，自己去摸索技巧和思考经验。

会挣钱更要会理财

很多人都认为会理财不如会挣钱。觉得自己收入不错，不会理财也无所谓。其实不然，要知道理财能力跟挣钱能力往往是相辅相成的，一个有着高收入的人应该有更好的理财方法来打理自己的财产。

在现实中，很多事实表明挣更多的钱就会致富的观点明显是错误的。当然，如果你有足够高的收入，而且你的花销不是很大的话，那么你确实不用担心没钱买房、结婚、买车，因为你有足够的钱来解决这些问题。但是仅仅这样你就真的不需要理财了么？要知道理财能力跟挣钱能力往往是相辅相成的，一个有着高收入的人应该有更好的理财方法来打理自己的财产，为进一步提高你的生活水平，或者说为了你的下一个"挑战目标"而积蓄力量。

赵小姐在一家私企工作，经过几年的拼搏，手上总算攒了些钱，可是要想买车，买房子就明显不够了。看着身边的人都在用自己空余的时间开始理财，赵小姐却这样想，"会理财不如会挣钱，那样舍不得吃，舍不得穿的日子过的有什么意思。"可是随着时间的推移，她的同事都有车有房了，但是她却还是什么也没有。

余小姐在一家房产公司当设计人员，平均月收入 5000 元。和多数人精打细算花钱不同，余小姐挣钱不少，花钱更多，有钱时俨然是奢侈的款儿，什么都敢玩，什么都敢买，没钱时便一贫如洗，借债度日——拿着丰厚的薪水，却打起贫穷的旗号。在别人眼里，她们可能是一些低收入者或攒钱一族们羡慕的对象，可实际上，她们的日子由于缺乏计划，实际过得并不怎么"潇洒"。她们"不敢"生病，害怕每月还款的来临，更不敢与大家一起谈论自己的"家庭资产"，遇到深造、结婚等需要花大钱的时候，她们往往会急得嘴上起泡，进而捶胸顿足，痛哭流涕：天呀，我的钱都上哪儿去了？

从上面两个例子可以看出，生活中有些人，挣得钱也不少，可一谈起自己的家庭资产的时候，却发现自己挣得那么多的钱都不知去向了。可见，会挣钱不如会理财，一个人再能挣钱，如果他不会理财，那他挣的钱，就只能是别人的，不会成为自己的，因为他总是挣多少，花多少，那他永远不会有属于自己的钱。

其实在生活中，如果你并不打算有更具挑战性的生活，那么你确实可以"养尊处优"了。但是假如你在工作到一定的时候想要开一家属于自己的公司，或者想作一些投资，那么你就仍然需要理财，你也会感觉到理财对你的重要性，因为你想要进行创业、投资这些经济行为意味着你面临的经济风险又加大了，你必须通过合理的理财手段增强自己的风险抵御能力。在达成目的的同时，又保证自己的经济安全。

由此可见，个人理财应满足以下三个条件：

首先，根据自己的年龄、职业、收入、家庭状况，建立对应的日常消费模式。所谓对应就是消费时既不能像"守财奴"那样视钱如命，一毛不拔，也不能像败家子似的大手大脚，铺张浪费。

中国人讲求"轻财尚义"、"仗义疏财"，像"守财奴"锱铢必较，只进不出的消费观和生活方式，不仅感受不到生活的乐趣，更交不到朋友，连家人都会疏远。

另一方面，挣多少花多少，月月见底的消费方式也不可取。家无余粮，一遇到紧急状况就四处借债，最后朋友也会避之唯恐不及，对个人的金钱信用也是极大的伤害。更何况无论哪种投资，都要以资本作为前提。一个人，一个家庭，如果没有一定的资本，那么他就无法规划将来，只能过一天算一天，只是在混日子罢了。

作为个人和家庭，我们提倡努力赚钱，合理消费。理财讲究的是量入为出，既不可太俭，亦不可太奢。要合理运用我们手中的金钱，逐步提高我们的生活水平，让我们的生活滋润起来，快乐幸福地享受每一天。

其次，根据不同个人和家庭的不同生活背景，建立与之相匹配的避险措施。就是以较少的成本，选择合适的时机切入，来应对未来生活中可能出现的风险。这些风险包括失业、疾病或意外伤害、子女教育、养老等等，保证自己在任何风险面前都能应付自如。

最后，在满足上述两方面的基础上，将多余的资本用来投资，以追求资本的效益最大化，用头脑的所得增加财富，创造更加和谐、舒适的生活环境。个人财富的增加也等于社会财富的增加，这也是为国家做贡献。

个人理财的这三方面是一个整体。日常消费和避险是理财的基础，是确保个人和家庭生活安全稳定、井然有序的前提条件。这就和建造大厦一样，地基必须打坚实，大厦才牢固。如果地基不稳，那么大厦建的越高，倒塌的风险也越大，损失也会越惨重。

当然，理财是帮助我们实现财务目标的工具，投资者要学会驾驭这个工具。市场是瞬息万变的，我们的理财目标和具体操作也要随着家庭和市场环境的变化不断做出调整。环境完全变了，还在死守着以前的老规矩，那就失去了理财的初衷和真谛。

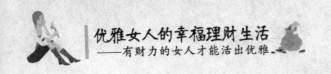
理财是耐力长跑，勿盲目跟风

理财是一场长跑竞赛，朝长期着眼，获得成功的几率越高。冷静来看，赔钱的人的确比赚钱的人多。专业投资人的杀伐战场上，毫无准备就冲进去的初学者，肯定就只有尸横遍野的份了。在僧多粥少的世界里，要生存下去绝对不是件容易的事情。投资者必须认真分析要投资的项目，看准行情再出手，切忌盲目跟风。

跟风者大多面对突然流行起某样东西时，自己没有或缺少主见，不经过仔细思考，盲目跟随潮流参与、模仿。这是价值观的一种迷失。比如唐玄宗李隆基喜好杨贵妃的丰腴之美，丰腴就成了当时的流行、时髦。于是举国上下的女子皆为这种美而增肥，而男人也效仿皇帝，以选中丰腴的女子为妻、为妾而自豪。目前社会上有许多跟风现象：炒股买基金跟风、买房子跟风、选秀节目跟风，异地求学跟风、出国求学跟风，小孩上兴趣班跟风，学生上名校跟风，到商场排队买东西跟风。

其实跟风传统由来已久，这不仅让人想起一个笑话：

一个人在广场仰头看天。另一个人过来看到，也仰面观看。接着陆续有人加入其中。不多时，广场上黑压压一片人都在仰着脸往天上看。久了，最先发现有人看天的那个人实在忍不住了，就问旁边的人："你在看什么？"旁边的人依旧仰着脸，回答道："我没看什么啊，我的鼻子出血了。"于是人们在尴尬中愤然作鸟兽散，甚至觉得自己受到了欺骗。其实是谁欺骗了你，是你自己要这样做的么。

当然，这仅仅是一个笑话，可这恰恰反映了国人的特点，现实的情况似乎要比这个笑话要复杂得多。随着中国经济的繁荣，各个行业都得到了快速发展，理财产品也不例外。除了传统的储蓄等金融服务项目外，面对市场上名目繁多的理财项目和产品，我们应该如何挑选呢？因为只要是投资，就会有风险，只是风险的大小不同罢了。还是需要我们掌握一定的理财知识，根据自己的情况来进行选择。

在我们周围，有的人看到别人投资某个项目赚了钱，就抱着"别人能赚钱，我也能赚钱"的心态去投资，结果不赚反赔。这是因为这些人根本不了解所投资的对象，也没做认真的分析，就像马术比赛，骑师再优秀，马儿不配合也不行。适合别人骑的马不一定适合自己。

西方人这样形容跟风现象：

一个好的发财项目就好比一棵长满果实的大树，树上爬满了想摘果子的猴子。有的已经爬到顶端，有的还在往上爬。上面的猴子往下看，看到的都是笑脸；下面的猴子往上看，满眼都是屁股。

爬到树顶的猴子有好果子自然先吃。一般情况下，它们吃完了要拉，下面的猴子得到的总是上面猴子的屎。

那些还在爬的猴子为了挤上来，得先贴过很多猴子的屁股。能爬多高，取决于它们贴屁股的技巧有多好。最顶层的猴子虽然不用贴其他猴子的屁股，但是，说不定什么时候就会被想取代它的猴子踢着屁股踹下来。

树顶挤不下时，上面的猴子就会用树枝打下面的猴子。猴子们就纷纷往下一层掉，有的猴子就从树上掉下来。这些不幸的猴子获得的补偿，就是从树上被摇下来的果子。

这个故事虽然残酷，却形象地说明了跟风投资的情景。其实有时候，我们既可以爬这棵树，也可以自己再另种一棵树。跟在他人后面拣不到果子。没有主见、人云亦云的人想获得理财的成功几乎是不可能的。

理财就是要放长线，才会有钓到大鱼的机会。但女性属于容易放弃的一方，虽然说耐性不能以性别来区分，而是由个别的个性所左右。只不过。一般来说，女性的韧性明显比男性差。无论如何，在驱使女性达到目标的动机上，比男性差多了。而且，受"枪打出头鸟"、"法不责众"等思想的影响，跟风走、随大流成为很多人明哲保身的处世原则。然而在当今市场经济主导的时代，是以自由、平等为基础的，而自由、平等是以独立为前提的，独立则必然要突显个性。这是一个独立自主、张扬个性的时代，成功也是以有个人主见为前提条件的。

19世纪中叶，美国加州发现了金矿。一时间，大批淘金者蜂拥而至，赶到了加州。当时只有16岁的小农夫默亚利也在其中。加入了这支庞大的淘金队伍。

淘金者越来越多，金子自然也就越来越难淘了。当地地处沙漠，生活艰苦，水源奇缺，致使许多淘金者因此丧生。默亚利也被饥渴折磨得半死。

一天，默亚利看着水袋中那点舍不得喝的水，听着周围人对缺水的抱怨，他突发奇想：既然淘不到金子，还不如卖水呢！

于是，默亚利将手中淘金的工具换成了挖水渠的工具，从远方将河水引入水池，再用沙子过滤，成为可以饮用的清水。接着，他就将水灌进水桶，挑到淘金地一壶一壶地卖给了淘金的人。

当时有人嘲笑默亚利胸无大志："卖水的生意哪里都能做，你何苦跑到这里来呢？千辛万苦来到加州，不就是为了挖金子发大财吗？"

默亚利毫不在意，仍然继续卖水。结果大多数淘金者都空手而归，只有默亚利在很短的时间内赚到了1万美元。这在当时可是一笔巨款，开一家银行也只需2万美元。

人们常犯这样一个通病，那就是干什么都一哄而上，听说养花挣钱，家家都养君子兰；听说养狗挣钱，人人都卖名种犬，动辄几万几十万。结果个人赔钱，整个行业也弄垮了。在大家都在为一个自以为赚钱的目标蜂拥而上时，运用逆向思维，寻找新的目标不失为明智之举。

一个精明的投资者应该善于发现新的商机，做别人想不到或不愿意做的生意。

美国佛罗里达州的小商人皮诺斯，注意到家务繁重的母亲们常常为婴儿换纸尿片时才发现没有备用，因为来不及购买而烦恼。于是他想到要创办一个"打电话送尿片"公司。送货上门本不算什么新鲜事，但没有商店愿意送尿片，因为本小利微。因此皮诺斯精打细算，雇佣那些兼职的大学生，利用最廉价的交通工具——自行车送货。接着，他又把送尿片服务扩展为兼送婴儿药物、玩具和各种婴儿用品食品，随叫随送，只收15%的服务费。结果他的生意越做越兴旺。

跟风，是我们投资的大忌！所以我们要想赚钱，就要改变这种跟风的习惯，以自己清醒的头脑，抓住有利的商机，去做敢于吃螃蟹的第一人！

让钱转起来，"用钱生钱"

钱，就是要靠钱来滚。只要能够达到某种特定的规模，不需要太多的努力，就可以靠钱滚钱，越滚越有钱。事实上，钱有自我复制的能力，单位数量越高，赚回的金额也越多，金额变大了，可以得到的

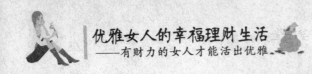
优惠和机会也更多。

当然，理财说到底是为了用财，为了消费，而不是看着账面上数字的增长就觉得满足。美国人买了房子不是留给子孙，而是再抵押出去贷款消费。那才真叫"光溜溜地来，光溜溜地走"。国内或许还做不到这样，可也别把理财当成守财。合理计划、合理消费，不仅是在满足自己的欲望，也是在给中国经济的长期繁荣添柴出力。

一个守财奴把自己所有的家产都换成一大块金子，偷偷埋在了自家的墙根底下。每晚夜深人静时，他都要再把金子挖出来，像宝贝一样欣赏半天，久久舍不得放下。每夜如此，终于被一个邻居发现了，趁其不备偷偷把金子挖走了。守财奴晚上再挖开墙根发现金子已经不见了，不由地嚎啕大哭。有人见状后劝道："你有什么可伤心的呢？金子埋在地里，既不能吃，又不能用，它也就成了无用的废物，跟埋块石头在那里有什么区别呢？"

这个小故事启迪我们：金钱只有在进行商品交换时才能体现其价值，只有在周转中才能创造利润。如果不进行周转，金钱就不能增值，也失去了其存在的价值。埋在土里的黄金没有任何作用，跟埋块石头的确没什么区别。那个守财奴嗜钱如命，自以为富有，却忘记了金钱的本义。如果那个人能用黄金作为资本，置田买地，或者做生意，一定会赚取更多的钱。

只有让资金流动起来，才能获取利润，才能迅速实现致富的目标。

商界有个著名的"二八定理"：即20%的客户拥有8%的财富。民生银行一家支行曾经做过一个测试，10万元以上的贵宾客户不足500人，占有该支行85%左右的存款，广大中低收入的资本存量之小，由此可窥一斑。但资本存量小，并不意味着就没有理财的必要。

李女士自己做生意，平时收入还算可观。相比，她的朋友王女士只是普通的上班族，但是经过 5 年之后，两人的生活处境却截然不同了。王女士在城市的繁华地段购置了一处房产，而李女士手上只有一张余额 6 万元的存折和一张欠债 13 万元的信用卡。

原来王女士受其父母的影响，从小就养成了一定的投资理财习惯，她用上班积攒下的工资买下某繁华地段的一处房产，两年内，这幢房产持续升值。看着李女士美慕的目光，王女士劝她从现在开始学习理财和投资。但是李女士却面露难色的说："那对我来说太难了，我从来也没有这样想过。"

现代社会中，很多女性更多地把自己定位于母亲、妻子或年迈双亲或子女的照顾着，而很少想过自己有钱会是什么样子。在成长的过程中，女性更多的被灌输"乖女孩"的思想，很大程度上减少了她们对于获取财富的兴趣，最终也影响了他们培养这种能力的兴趣。因此，要致富，可能欠缺的不是高薪机会、财务规划或理财技能，而是一套正确的理财思维。如何克服女性在理财上的盲点和弱点，如何建立女性健康合理的理财观，如何将家庭中的钱用得更加游刃有余的问题。男性与女性的投资理财风格各有千秋。与男性相比，女性明显具有"严谨"、"细致"、"感性"的特点，这些特点，也决定了女性在理财方面的优势：对家庭的生活开支更为了解，对收入支出的安排享有优先决策权；投资理财偏向保守，能很好地控制风险；投资之前，往往会事先征求很多人的意见，三思而后行等。

手中的钱怎样才能用活，这是投资的一大学问。许多有钱人都不赞成存款，而赞成现金运转。他们一致认为，银行存款和现金相比，现金当然是最可靠，虽不获利但也不亏损。小心谨慎的犹太人当然是在二者择一的条件下择其后者。因为对于犹太人，"不减少"正是"不亏损"的最起码的做法。想借助银行来求得利息，能够获得利润

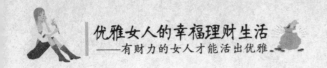

的机会不大。

美国通用汽车制造公司的高级专家赫特，他曾说过这样一句话："在私人公司里，追求利润并不是主要目的，重要的是把手中的钱如何用活。"

我们都知道，银行存款是生息的，只要有存款，便能获得利息收入。而现金，是不生息的，手持现款是多少，经过若干年后，仍旧是原来的价值，并不增多。这样看来，银行存款比手持现款更有吸引力。

那么，女性理财时，应如何发挥积极因素，避开消极因素呢？下面是专家为女性量身订制的理财7点建议：

1. 树立健康的理财投资观念

投资理财伴随我们一生，不是应时应景的摆设，也不是一蹴而就的。制订了规划后关键是执行，在执行中看效果、找问题、攒经验。同时，还必须明确，理财规划通常需要较长的时间来实践，不是一两个月的投机生意，这也决定了我们在投资产品的选择上要注意长线投资效果，不要太在意短期的波动。

2. 设定目标

当你决定理财的时候，为自己设定一个理财目标至关重要。每个人或者每个家庭都有不同的需求和目标，并且在数量和层次上有着很大的差异。我们可以将自己的经济目标列在一张纸上，越详细越好，再对目标按重要程度分类，最后将主要的精力放在最重要的目标上去。譬如，为自己设定一远一近两个目标，比如确定未来二十年的奋斗目标和每个月的存款数，这样你花钱时就会有所顾忌。

3. 强制储蓄

储蓄提供了财富汇集的方式，也为以后的投资增值准备基本条件。每月固定将薪水中的一定数目，譬如薪水的20%存入银行，并且不轻易动用这笔钱，那么一段时间以后你也将会有一笔可观的财富。而且，实际上这笔钱即使被消费掉，你也不会因此而感到生活拮据多少。

4. 精明购物

对于女性消费者而言，购物时千万不要有从众心理。要记得，适合别人的不一定适合你。此外，购物要记账，不管你在何时何地购物，都一定要记下你所花费的每一笔钱。休闲娱乐、交通费用、三餐开销、应酬花费、购买奢侈品等分门别类地记下来，一个月或是三个月后再来审视你的消费记录，这样无疑将对你日后的理财生活产生积极的指导作用。

5. 节流生财

和开源相比，节流要容易得多，不妨从节约水电费这样的小事做起，日积月累就会收到聚沙成塔的效果。而且这种节俭的生活方式也非常有利于环保。

6. 储备应急

为了应对意外的花销，平时就要存出一项专门的应急款，这样才不会在突然需要用钱时动用定期存款而损失利息。

7. 端正对风险的认识

在投资市场上，风险跟收益成正比，如果一味躲避风险，风险稍高就不敢尝试，那就只能得到基本的银行存款收益率，通过理财来增值就无从谈起。其实风险并不可怕，只要对风险进行合理的控制、管理，风险稍高的产品也是可以接受的。

8. 正确对待专家的意见

专家经验丰富，信息充足，是一般老百姓可以信赖的，尤其对初涉理财或理财经验欠缺的人来说，适当寻求一下专家意见，会收到事半功倍的效果。但对于投资者而言，尤其值得注意的是，专家的意见也只能当作参考，切不可敬若神明，对自己情况最了解的还是自己，专家只能是在方向上做出大概指引，真正做出判断、执行操作的还是你自己。

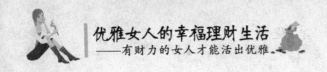
根据市场变化，制定自己的投资计划

理财不是小孩子的游戏，辛辛苦苦存的钱，有可能在瞬间全成了泡影。就算是努力用功过，做了全副准备的人，也有可能在理财过程中一败涂地。除非不碰，否则根本没有让人考虑的时间。就算勇往直前，努力迈进的人，也是成败一瞬间。但也不能因为看不到前景，就随便放弃。唯有向下不断挖掘，才有可能发现一口好井。而且，经过仔细观察之后，一定会发现适合自己的理财商品。

《红顶商人胡雪岩》中有这样一段话："如果你拥有一县的眼光，那你可以做一县的生意；如果你拥有一省的眼光，那么你可以做一省的生意；如果你拥有天下的眼光，那么你可以做天下的生意。"也曾有人这样说过："瑞士人卖的是智慧技术，美国人卖的是脑子里想出来的东西，日本人卖的是手里做出来的东西，中国人卖的则是地里种出来的东西。"虽说这句话有失偏颇，但也充分说明了一个道理：在生意场上，你有多广、多深的经营眼光，往往会决定你的生意能够做多大及你以怎样的方式来赚钱。

想必大家都知道下棋吧，下棋过程中，我们把仅仅看到一两步棋路的人称为"初级棋师"；把那些想到三四步棋路的人称为"中级棋师"；但是把那些能够估算到五六步以上棋路的人誉为"高级棋师"。高手们的头一二步棋，人们常常琢磨不透他们的用意。以下棋比喻经商，商战中的高手常常是这些运筹帷幄、决胜千里的商人。

联邦政府重新修建自由女神像，但是因为拆除旧神像扔下了大堆大堆的废料。为了清除这些废弃的物品，联邦政府不得已向社会招标。但好几个月过去了，也没人应标。因为在纽约，垃圾处理有严格规定，稍有不慎就会受到环保组织的起诉。

美国人麦考尔正在法国旅行，听到这个消息，他立即终止休假，飞往纽约。看到自由女神像下堆积如山的铜块、螺丝和木料后，他当即就与政府部门签下了协议。消息传开后，纽约许多运输公司都在偷偷发笑，他的许多同事也认为废料回收是一件出力不讨好的事情，况且能回收的资源价值也实在有限，这一举动未免有点愚蠢。

当大家都在看他笑话的时候，他已开始工作了，他召集一批工人组织他们对废料进行分类：把废铜熔化，铸成小自由女神像；旧木料加工成女神的底座；废铜、废铝的边角料做成纽约广场的钥匙；甚至把从自由女神身上扫下的灰尘都被他包装了起来，卖给了花店。

结果，这些在别人眼里根本没有用处的废铜、边角料、灰尘都以高出它们原来价值的数倍乃至数十倍卖出，而且居然供不应求。不到3个月的时间，他让这堆废料变成了350万美元。他甚至把一磅铜卖到了3500美元，每磅铜的价格整整翻了1万倍。这个时候，他摇身一变成了麦考尔公司的董事长。

如果你想投资经商，那你就将成为一个商人了，那么你在筹划大事的时候，应该问问自己：我会想到第几步？

在生活中，缘何有些有才华的人没有取得人生的成功呢？这主要是因为他们做事缺乏计划性，他们的投资行为都发生在一瞬间，或是一个似是而非的消息，或是心血来潮的冲动，几十万上百万的资金就在很短的时间内投入进去，没有理由，更没有计划，对于投入后市场将可能发生的变化没有任何准备，如此的投资行为本身在开始前就已经埋下了失败的种子！

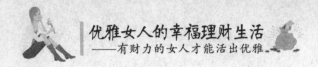

投资市场是复杂多变的，充满了风险。这就需要投资者进行必要的谋划。有了投资计划，我们才能有条不紊地实施自己的投资步骤，才不会方寸大乱，手足无措。要制订自己的投资计划，可以通过如下六个步骤来完成：

1. 对自己有一个清醒的了解，认清自己的实际情况

（1）机遇：机会总是留给有准备的人

机遇这个问题对投资而言，应该是老生常谈了，但却是一条永远不变的真理。其实，当你决定进行投资时，一定要在行动之前进行充分的准备，在这样的情况下，成功几率也会相应增大。

（2）性格：投资是一个克服自己性格缺陷的过程

很多人在投资过程中遭遇失败就是因为不能很好地克服自身性格上的缺陷。从一部分投资失败者的经历来看，往往都是他们性格弱点的大暴露。比如，有的投资者原本做好了充分准备购买一只股票，但在第二天开盘后，发现这只股票走势很恐怖，顿时开始自我怀疑，进而自我推翻之前自己所作的所有肯定。更糟糕的是，在这样的情况下，有的投资者听信别人购买了一只根本不熟悉的股票，结局基本上只有一个——造成投资失误。

因此，这里要告诫投资者的是：永远不要投资自己不熟悉的领域。在投资时，一定要坚决地按照自己原定的计划走，只有这样，才能减少损失、增加收益。

（3）心态：什么人都可以赚钱，唯有贪婪和恐惧的人赚不了钱

对投资者而言，最要不得的心态就是太患得患失。在投资过程中，千万不要过于恐惧，也不能过于贪婪，要学会止损，更不要忘记适时止赢。

（4）心理因素：在投资过程中，投资者的心理素质有时比资金的多寡更为重要

优柔寡断、多愁善感性格类型的投资者应该避免进行风险较大、

起伏跌宕的短线投资项目。

（5）知识和经验因素：投资者的知识结构中对哪种投资方法更为了解和信赖，以及人生经验中对哪种投资的操作更为擅长，都会对制订投资计划有帮助

相对来说，选择自己熟悉了解的投资项目，充分利用自己已有的专业知识和成熟经验，是投资稳定成功、安全获益的有利因素。

2. 设定合理的收益预期

很多人没有合理的收益预期，他们觉得钱赚得越多越好。这是非常错误的想法。对于投资而言，都不能抱着一夜暴富的心理，设定不合理的收益预期。因为不合理的收益预期往往会促使投资者做出不理智的决定，带来巨大的风险。

3. 判断大环境

看宏观形势，投资者必须把握准国际形势的趋势，至少是要去关注它，并不一定要成为专家，而是平时要思考。比如说投资国内股市，那么投资者就应该思考，国际形势的变化会怎样影响到国内股市，会具体影响到哪些板块。有些敏感的投资者已经形成了这种连续性思维的习惯。例如，有人在听到美国发现新油田的消息，马上就预感到石油价格会下跌，分析价格下跌股市哪几个板块最受益，然后在这些板块中选择跌得差不多的、基本面还可以的买入，单就这一个行为，仅仅两个月不到就收益20%。这就是会分析会判断。

其次，要把握好国内投资的热点，而对国内宏观形势的判断，和我们投资决策有直接关系。看国内形势把握投资热点，必须要看国内的宏观政策导向。

4. 多元化投资方案

投资的风险与收益并存，收益越高往往风险也越大。好的投资方案可以使投资者较大限度地提高收益，躲避风险。例如，在股票市场上，投资者很难准确预测出每一种股票价格的走势。假如贸然把全部

资金投入于一种股票，一旦判断有误，将造成较大损失。如果选择不同公司、不同行业性质、不同地域、不同循环周期的股票，也会相应降低投资风险。

5. 投资风险

奉劝有稳定收入的人不要投机，因为投机往往会影响工作。要学会在不降低生活水平的前提下，增加自己的投资收益。

家庭消费
——持家有道，当好家庭的CEO

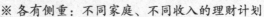

※ 知识储备：做有钱女人必备的经济常识

※ 理性消费：会花钱的女人招人爱

※ 各有侧重：不同家庭、不同收入的理财计划

知识储备：做有钱女人必备的经济常识

分析家庭财务收支，做到心中有底

当杯子里只有一半的水时，一般人会有两种反应：一是"只剩一半"，一是"还有一半"。会说"只剩一半"的人，对事物抱持否定的态度，是悲观主义者。相反的，说"还有一半"的人，则是乐观主义者，因为他以肯定的态度看待人生。

关于理财也有类似的区分法，但是不在于倾向的差异，而在于男女的差异。举例来说，把钱比喻成池塘，男性与女性会出现完全相反的想法。男人会把钱想成是有股源源不绝的水流不停注入、永不枯竭的池塘，而女性则趋于把钱想成是一个不知何时会枯竭的浅塘。真是非常深刻的比喻，简直就像投钱的许愿池与家里的大米缸对决一般。

作为新时代的女性，家庭理财已经被提上日程，做好家庭理财不仅有利于维持家庭的稳定，也有利于家庭的发展。但在理财之前，你必须要清楚了解自家的财务状况，这个财务状况包括你的月收入、支出等一些情况，以便采取最优的理财方案。

但在生活中，很多人却对自己的财务状况知之甚少。以至于他们在消费的时候总是犹豫不决，不知道这钱是该花还是不该花，是否超出了自己的消费能力；还有很多人则不知道自己的财务状况如何，更不知道怎样对其进行优化；更有甚者，连自己有多少资产都稀里糊

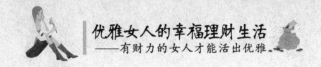

涂的。

其实，相对于个人和家庭的理财，了解自家的财务状况是最基础的一步。知己知彼，方能百战不殆。只有摸清了自己的家底，你才能对症下药，明确自己的理财需求和目标。至于什么资产规划、投资组合，这些都是后话了。

不过，摸清家底并不是要你搞清楚银行存款的数量这么简单，也不仅仅是每天记账就能理清头绪，你需要做的主要有以下几件事情：

1. 看看你的净资产究竟有多少，这也就是看你的资产结构是不是合理

首先，分别列出你的家庭资产和负债。资产是指你拥有所有权的各类财富，可以分为金融资产和实物资产两类。用家庭资产减去负债算出家庭的净资产，净资产才是你真正拥有的财富价值。

但是，净资产规模大并不意味着你的资产结构完全合理，甚至可能并不是一件好事。如果你的净资产占总资产比率过大，就说明你还没有充分利用其应债能力去支配更多的资产，其财务结构仍有进一步优化的空间。

对于净资产占总资产比率较低的人来说，应采取扩大储蓄投资的方式提高净资产比率。而那些净资产接近零甚至为负值的人，如何尽快提高资产流动性并偿还债务才是当务之急。

2. 看看自己的结余比率，这是决定净资产提高能力的一种手段

列出你一年中收入和支出的明细，用年结余除以年收入计算你的年结余比率，这样就可以知道你提高净资产的能力，从而为你的结余资金做一个合理的规划。

10%是结余比率的重要参考值。如果这个比率较大，说明你的财富累积速度较快，在资金安排方面还有很大的余地。如果这个比率较小，则要从收入和支出两个方面进行衡量，是收入太低？还是支出太高？收入太低就想办法开源，支出过高就得节流。

3. 看看自己的清偿比率，它是衡量财务安全度的一条准则

除了上述两个重要比率，还有一些数据对财务状况分析也很重要。

比如清偿比率，从这个数据能够看出你的偿债能力如何，资产负债情况是否安全。这个比率一般应该保持在 50% 以上，如果远远超过了 50% 的标准，一方面说明家庭的资产负债情况极其安全，同时也说明家庭还可以更好地利用杠杆效应以提高资产的整体收益率。

而负债收入比率则可以反映你的短期债务清偿是否有保障，这个比率一般保持在 40% 比较合适。投资资产与净资产的比率主要是了解你目前的投资程度，这个值不宜过高，过低当然也不合适，按照经验测算，一般在 50% 左右比较合适。

流动性比率，如果收入稳定，流动性比率可以小点。假如收入不稳定，或者不可预料的支出很多，那么应该保持较高的流动性比率。一般情况下，保持流动性资产能支付 3－6 个月的支出即可。

最后，还需要对你未来的收入以及支出情况进行预测。这样，综合起来，你就对自己的财务状况有一个很全面的认识，同时也可以针对财务结构上的不足进行优化。

家庭理财步骤

人的一生拥有的资源是有限的，如果现有的资源无法满足个人需求，理财规划就要帮助我们去取舍，根据每个需求，排定重要性和实现顺序，使资源发挥最大的功效。理财规划是没有统一的对错标准的，因为每个人的实际情况是有很大差别的。现实社会，瞬息万变，每个人都应该审视自己的理财规划，及时作出调整。

理财，在家庭层面，就是持家过日子或管家。似乎自古以来家庭

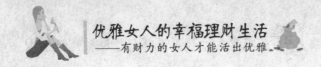

理财都是女人的专职。从一定意义上讲，理财决定着家庭的兴衰，维系着一家老小的生活和幸福，尤其对于已成家的工薪阶层来说，更是一门重要的必修课。

在家庭理财时，要注意哪些问题呢？

1. 备足家庭备用金

家庭备用金主要用于预防家庭突发事件，要求可以随时支取。这部分资金要求很高的流动性，一来保证应急能力；二来可以避免为突发事件而套现其他资产，影响投资收益。备用金能满足家庭 3－6 个月的家庭日常开支，就比较合理。家庭持有过多的现金资产，势必影响资金的使用效率，导致资金再增值能力不强；而部分家庭却较偏向定期或其他投资，备用金储备不足，潜存一定的财务风险。

家庭备用金的持有形式除了现金和银行活期存款，也可以考虑采用货币市场基金的形式持有，如果金额较大，部分也可以存为三个月定期，这样既可以保证使用的灵活性，又可以最大可能地利用该部分资金。

2. 多种途径防止过度开支

在理财规划中，我们都不太建议客户缩减家庭开支，因为这与生活水平息息相关，如果理财规划势必意味着降低生活水平，规划本身具有的意义也不太大。但如果家庭日常开支达到收入的 50%，这就是一个较危险的信号。开支太大，储蓄水平将受到直接影响，这决定着以后的家庭资产增长的后劲。

年轻家庭出现过度开支的情况比较多，这很难在理财师的规划中得到很好的建议。比较普遍的做法就是通过记账逐渐养成良好的消费习惯。

对于自我约束能力较差的个人，我们通常会建议进行银行定期储蓄，可能的话将工资账户开通银行定期转存功能，工资一到账就转为约定期限的储蓄。当然，激进点的做法也可以选择基金定投。

3. 确定合理理财目标

理财目标的确定可以从两方面来考虑，一个就是家庭的生命周期，一个就是家庭的实际经济状况。通常我们将家庭的生命周期分为：单身期、家庭形成期、家庭成长期和家庭成熟期。

单身期，虽然经济能力有限，相对来说家庭负担也小，所以承担风险的能力较强，这段时期的重点是培养未来的获得能力。一方面可以尝试风险较高的创业投资，另一方面需要增加提高自身素质的投资，如接受相关的职业教育等。

家庭形成时期，这一时期是家庭的主要消费期。虽然收入有所增长，但消费和家庭负担都会相应增加，此时，我们还需要考虑两项较大的开支项目，结婚和带小孩的费用，当然可能还有更大的一笔费用——买房。在这些当中选择好生育小孩的时间是很重要的，一般在怀孕和抚养初期家庭收入都会受到一定的影响，而且也涉及到大笔的支出，必须要有充分的经济上的准备。

家庭成长时期，在这一阶段里，家庭成员不再增加，家庭成员的年龄都在增长，家庭的最大开支是保健医疗费、学前教育、智力开发费用。此时，家庭收入水平已经可以达到一定程度，但同时也需要面临更大的家庭负担——小孩教育和老人赡养。目前国家虽然开始实行义务教育，但高等教育费用是逐年增长的，加上小孩受教育期间的相关生活费用，也不是一笔小的费用，不过好在这些费用持续时间较长，只要合理规划就不会出现太大的问题。家庭前三个时期往往在很长的时间都将面对房贷开支，所以在确立买房目标时，除了考虑房款，还有相关的律师费和装修费用，其次，根据未来收入预期可以判断将来房贷负担的轻重，最好不要超过收入的50%。同理，在买车上，很多客户也欠缺后期养车费用对家庭财务造成的影响。

家庭成熟期，人到中年，重点考虑自己的养老问题。这一阶段里自身的工作能力、工作经验、经济状况都达到高峰状态，子女已完全

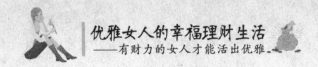

自立，债务已逐渐减轻，理财的重点是扩大投资，积累丰富的退休金，安度晚年。

4. 科学购物，差价如金

同一品牌、规格、等级的商品，在不同的时间、地段和不同规模的商场都有不同的价位。科学购买商品，一是货比三家，在较便宜的地方购买；二是利用季节差价，过季促销的商品大多物美价廉；三是有些需要量大的物品不如批发来得划算；四是学会砍价；最后别忘了投保附加险。

5. 制定投资计划

说到投资，无非就是平衡资金收益、安全和流动性。对于普通的家庭来说，我们可以把资金分为两类：第一类如买房、买车、结婚、生育、教育、养老等有明确支出去向的资金；第二类为无明确支出去向的资金节余。很明显，这两类资金可承担风险的能力是不同的，实际中，我们都不太建议客户将第一类资金用于股票等风险较高的投资，而主要根据资金使用时间，选择银行存款、银行理财产品、国债、债券型基金等安全性较高的理财产品，或者小部分尝试偏股型基金、信托等产品。

第二类资金，可以根据客户的风险偏好来选择适合的产品。目前普通投资者可选择范围还是比较有限的，所以需要注意理财产品的同质风险。如：有些客户持有大量股票的同时还选择持有关联性较高的股票基金。目前银行推出的一些新的风险性较高的外汇理财产品，也容易与客户外汇投资出现同质性风险。

6. 制定保险计划

保险由于其特殊的性质，普通人理解起来困难稍大，所以也是出问题较多的部分。一般来说，理财师都会建议保险的费用占家庭收入的10%～15%，但最终还需要根据家庭实际情况来判断，投入过高将增加家庭负担，过低可能存在保障不足的风险。这里我们也用生命周期原理来简单介绍。

单身期和家庭形成期，处于创业时期，面临的人身风险较大，寿险和意外险是必不可少的。由于这些时期收入有限，不能严格按 10%~15% 来投保。经济能力强的可以选择终身寿险，经济能力较弱的建议选择定期寿险。此时的保险主要预防自己出现不测，而让自己最亲的父母或其他亲属陷入生活困境，所以可以根据这些人的生活需求来确定保险金额。最后再来考虑健康保险等，选择定期或终身也可以根据自己的经济状况来决定。

成长期和成熟期都是家庭责任最重的时期，此时需要在原来人寿保险的基础上调高保险金额，以与自己承担的家庭责任相适应。同时，这个阶段由于逐渐步入中年，应该提高对健康问题的关注，重大疾病保险和医疗保险都不能少。根据现在的医疗条件，重大疾病保险要达到 10 万以上才能起到一定的保障作用。最后就是养老的问题，由于养老金关系到以后几十年的生活问题，所以安全性尤为重要，我们建议选择非投资类险种为宜，而分红保险可以起到一定的预防通货膨胀的作用，可以重点关注。

婚后夫妻理财法则

生活中，财务问题成为纠缠许多人婚后生活的一个重大的问题。夫妻双方都有保证双方财务状况的义务。学习理财相关知识，科学分配自己的财富，让婚后的生活更惬意。对财务的合理规划，共同学习理财这门学问，就显得非常必要了。

"生活真是无奈啊，最近我和他几乎天天吵架。他给外面什么人

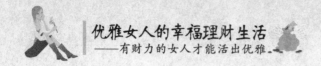

都舍得花钱，从来不和我商量。家里经济压力很大，既要还车贷，又要还房贷。这些他都知道，可是真要他节省比登天还难。"刚结婚不满两年的英子向好友倒苦水。

英子还说，她和老公谈恋爱的时候就觉得他出手挺大方的，结了婚以后才反应过来，敢情这"大方"都是对别人的，自己家里那么多地方要花钱，他却说自己要应酬朋友，希望英子"理解"他。

"结婚前我们约定要做一对自由前卫的夫妻，开销实行 AA 制，各人管各人的钱，可是现在看来，一对夫妻再前卫再另类，过起日子来还是像寻常夫妻一样。他很反感我过问他的财务，说钱该怎么用是他的权利。"

英子的老公于先生面对妻子的指责也不满，他很苦恼，妻子每天对他口袋里钱的去向盘查得近乎"神经质"，而她自己却三天两头地买新衣服、新鞋子。结婚后，按照先前的约定他和妻子实行财产 AA 制，因为他的薪水比较高，所以英子希望他能多付出一点，但是正在为事业奋斗的于先生除了负担家庭支出，更多的财力都花费在应酬、接济亲友、投资等事情上。因为妻子管得过死，于先生心理上接受不了，他反而变本加厉地"交际"。

这种矛盾在现代家庭中经常发生。专家说，不透明的个人财产数目和个人消费支出是这小两口家庭矛盾的真正的核心，英子和她老公的独立账户都不是向对方公开的，彼此之间又没能很好地沟通每笔花费的去向，从而失去了夫妻之间的信任感。

无可否认，当男女两人组成家庭时，不同的金钱观念在亲密的空间里便碰撞到了一起，要应付金钱观产生的磨擦并不是一件易事。专家指出，夫妻间在理财方面意见的分歧，常常是婚姻危机的先兆。有人说，"夫妻本是同林鸟"，后面却又拖了一句"大难临头各自飞"。而这种连理分枝情况的产生，往往是由于理财不当引起的。

在此，我们要用罗杰斯的一句话提醒你：提高生活质量是理财的最主要目的之一。我们遵循这些必要的理财原则，一切都是为了让我们的爱更融洽、让生活更从容，所以在计算钱财的时候千万别为了计较而计较，让家庭的温馨味道尽失。

理财的最高的境界就是让"钱"的问题巧妙融合在"爱"之中。就如为对方购买意外保险或健康医疗保险作为礼品，这一行为既表达了自己的关心和爱护，又可以在发生意外时有所保障，这才是真正聪明的浪漫。

当然，虽然有很多的新婚夫妻因为财务问题处理不善，闹得吵吵嚷嚷、麻烦不断；但也有的小俩口在面对这个问题时保持了必要的冷静，经过磨合，掌握了一些很好的法则，从而使自己的婚后生活达到一种完美的和谐。这些法则包括下面几个方面：

1. 与配偶分享你对金钱的看法

把金钱问题公开化，了解对方的梦想、恐惧、风险承受度以及对储蓄、投资、贷款的偏好。人们对于金钱的观念，不是一朝一夕形成的，这些观念受到家庭因素、教育因素、个性特点和生活经验的长期影响而形成。因此，要想融会两种不同的金钱观，并不像人们想象的那样简单，值得注意的是，夫妻之间在理财方面意见的分歧，常常是婚姻危机的先兆。

2. 夫妻 AA 制理财，财务独立

所谓 AA 制并不是指夫妻双方各自为政，各行其道，而是在沟通、配合、体谅的情况下，根据各自理财经验、理财习惯与个性，制定理财方案。夫妻理财 AA 制在国外极为普及。

许多理财顾问建议所有个人都应该有属于自己的私人账户，由个人独立支配。这个安排可以让夫妻做自己想做的事，比如妻子可以每个星期去做美容，丈夫则可以去与朋友聚会。这是避免纷争的最好办法，在花自己可以任意支配的收入时，不会有受人牵制的感觉。

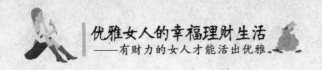

当然独立账户的建立应该是公开的，它体现了夫妻双方的信任。目前流行的"夫妻一体，财务独立"的理财方式多为独立账户形式。

3. 建立一个家庭基金

任何夫妻都应该意识到建立家庭就会有一些日常支出，例如每月的房租、水电、煤气、保险单、食品杂货账单和任何与孩子们或宠物有关的开销等，这些应该由公共的存款账号支付。根据夫妻俩收入的多少，每个人都应该拿出一个公正的份额存入这个公共的账户。为了使这个公共基金良好运行，还必须有一些固定的安排，这样夫妻俩就可能有规律地充实基金并合理使用它。你对这个共同的账户的敬意反映出你对自己婚姻关系的敬意。

4. 明智地对待意外收入

因中奖得到一笔奖金，你们不应该把所有的钱都用于让你们感兴趣的事情上，而应该当成正常的收入来合理使用。对自己的消费习惯要学会妥协与调整。绝大多数夫妇对待他们关于金钱的困惑的办法是什么也不做，而这是所犯的最严重的错误。这意味着你既没有让你的钱尽量为你服务，也没有对未来有所计划。没有对或错的理财方式，只有适合不适合的问题。

5. 互相监控财政支出

购买一个财务管理软件，将很容易就可以了解家庭财务的去向。通常，夫妻中的一人将作为家中的财务主管，掌管家里的开销。但这并不意味着另一个人对家里的财务状况一无所知，不能过问。可以由一个人支付各种费用，而另一个人每月核对一次家庭账目。平衡家庭收支，这样做能使两个人处于平等经济地位。另外，尽量做到每月能小结一次，商量一些消费的调整情况，比如讨论削减额外开支或者制定省钱购买大件物品的计划等。

6. 共同确定投资取向

年轻夫妻家庭一般余钱不多，总想找个好的投资去处，让手头的钱能连翻几个"跟斗"。使自己很快富起来，然而实际操作起来并不那么简单。这就要求夫妻双方切不可思富心切乱投资，而要从实际出发，制定稳妥的盈利目标，认真选择投资品种，讲究投资策略和方法，如此才能循序渐进，做到临危不乱，一步一个脚印地滚动投资下去。

7. 进行人寿保险

每个人都应该进行人寿保险，这样，一旦有一方发生不幸，另一方就可以有一些保障，至少在财政方面是如此。你可以投保一个易于理解的险种，并对保险计划的情况进行详细了解。

8. 建立退休基金

人的一生充满了无数不确定性的因素，也许你的配偶没有与你同样长的寿命。基于这个原因，你们俩应该有自己的退休计划，可以通过个人退休账户或退休金计划的形式，使你的配偶（或孩子）成为你的退休基金的受益人。

家庭投资理财原则

理财目的是"梳理财富，增值生活"。通过梳理财富这种手段来达到提升生活水平的目的。只有通过这种理念来引导人们不要把理财当作拿钱来生钱，从而避免人们进入一味地追求利润和回报的理财误区。所以，理财的最终目的不是"用钱生更多的钱"，而应是"用钱生合适多的钱"。因为期望的收益越高，潜在的风险和损失也会越大。为了盲目追求更高回报，也容易造成财务上的混乱，钱多了钱少了财务都很难达到平衡。

而且，时下可供家庭选择投资的方式越来越多，如参加银行储蓄、购买债券股票、购藏金银首饰、置办房地产、参加财产和人身保险等。

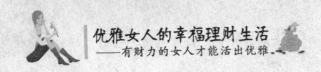

选择不同的投资方式收益也就不同，每个家庭应结合考虑自己的实际情况，慎作投资决策。

在选择投资方式以前，除了要注意人们常提及的"量资金实力而行"外，还需要考虑"量风险承受力而行"、"量家庭的职业特征和知识结构而行"等因素。投资的原则，也不外乎下面几项：

1. 家庭投资应考虑经济发展的周期性规律

经济发展具有周期性特点，在上升时期投资扩张、物价、房价等都大幅度攀升，银行存款和债券的利率也调整频繁；当经济下滑，银根紧缩，情况就有可能反其道而行之。如果说你看不到这一点，就可能失去"顺势操作"的丰厚回报，也或者在疲软的低谷越陷越深。时常关注宏观形势和经济景气指标，就可能避免这一点。

2. 家庭投资应考虑物价因素及其变化趋势

在投资过程中，只有对未来物价因素及趋势有个比较正确的估计，你的投资决策才可能获得丰厚的回报。比如说你定期储蓄三年，到期后所得利率收益，除去利息税加物价通胀部分所留无几，显然你并没有占便宜"讨巧"，而应选择其他投资方式。

3. 家庭投资应考虑地区间的物价差异

我国地域辽阔，各地的价格水平差别很大，如果你生活的地区属于物价上涨幅度较小的地区，就应该选择较好的长期储蓄和国家债券；如你生活的地区属于物价涨幅较高的地区，则应该选择其他高盈利率的投资渠道，或者利用物价的地区价差进行其他商贸活动。否则你的资金便不能很好地保值增值有好收益。

4. 家庭投资应考虑多品种组合

现代家庭所拥有的资产一般表现为三类：一是债权，另一类是股权，还有一类是实物。在债权中，除了国家明文规定的增益部分外，其他都可能因通货膨胀的因素而贬值。持有的企业债券股票一般会随着企业资产的升值而增值，但也可能因企业的萧条倒闭而颗粒无收。

在实物中，房产、古玩字画、邮票等，如果购买的初始价格适中，因时间的推移而不断升值的可能性也不小。既然三类资产的风险是客观存在的，只有进行组合投资，才能避免"鸡蛋放在同一个篮子里"的不利"悲剧"。

5. 家庭投资应考虑货币的时间价值和机会成本

货币的时间价值是指货币随着时间的推移而逐渐升值，你应尽可能减少资金的闲置，能当时存入银行的不要等到明天，能本月购买的债券勿拖至下月，力求使货币的时间价值最大化。投资机会成本是指因投资某一项目而失去投资其他机会的损失。很多人只顾眼前的利益或只投资于自己感兴趣、熟悉的项目，而放任其他更稳定、更高收益的商机流失，此举实为不明智。也因此，投资前最好进行可选择项目的潜在收益比较，以求实现投资回报最大化。

6. 家庭理财要先人一步

很多人将"努力赚钱"作为理财的第一步，不过钱不是"努力赚"就有的，如果要等自觉收入够宽裕了才开始理财，只怕会遥遥无期。别忘了，理财最惊人的就是它的时间复利效果。以 10% 的复利计算，1 万元变 2 万元要花七年半，2 万变 3 万不到 5 年，再从 3 万变 4 万呢，只要 3 年即可。换句话说，随着时间的累积，要赚回一个资本额将会越来越容易。

某甲从 19 岁就开始投资，分 8 年，每年 2000 元，报酬率为 10%，总共投入 16000 元，之后不再投入，只是放着生复利。某乙则是 27 岁了才开始投资，每年 2000 元，65 岁之前 30 多年不间断地投入，到了 65 岁验收成果，发现某乙连本带利约不到 90 万，而某甲只靠年轻时的投入，竟累积了 103.5 万！

7. 家庭理财要预留后路

广义来说，理财是聪明地管理钱财，包括存钱、借钱、消费、投资、保险、节税等等都含括在内。除了投资外，其他项目虽然不能积极增加财富，却可能是构筑人生经济安全港的更重要支柱。环顾四周，有些人收入颇丰，却在重病一场、退出职场后，发现生活很快地陷入窘境。凡此种种，都足以令人懊丧不已。如果你认为经济稳定对你的人生很重要，别犹豫，今天就花一点时间，好好思索一下自己的财务吧。

理性消费：会花钱的女人招人爱

做个精明的"抠女郎"

只要努力工作，不浪费一分一毛钱的话，不管是谁，将来一定不会为钱所苦。想要累积钱财，首先必须自我节制、牺牲与努力，而最基本的就是勤俭的生活。有了这些条件，就会使资产的增值速度加快。而节省开销的努力，是不可或缺的要项。

这里所说的节省开销的努力，就是女性的责任之一。女性掌控家庭开销的支出，在收入有限的情况下要增加储蓄，就意味着要减少支出，而减少支出也伴随了或多或少的牺牲。"节约好度日"，女性就站在了节省支出的最前端。

从收入的角度来说，理财即指管理好自己的资金，使其保值、增值，从而满足家庭更多的消费需求；从消费的角度来讲，理财就是用一定数量的金钱获得自身更大需求的满足，即指在消费实现的过程中节省下来的钱就相当于你赚的钱。所以，对于那些精明的女性朋友而言既要满足购物的需求，又不至于花费过度，就要学会精明消费。

在日常的生活消费当中，有些人经常会有这样的感觉，当每个月你刚发工资时，银行卡上的钱比较富足，可是当你花着花着，却突然发现银行卡上没钱了，或者卡上的钱已在百元之内，而此时距下次发薪之日还有好长一段时间。这个时候你就会纳闷，卡上的钱去那里了？

然后从上次发工资那天算起，算到最后，自己好像也没用钱干什么大事，那卡上的钱怎么会不翼而飞呢？然后我们就会因为在月底经济比较拮据而窘迫！盼星星盼月亮地等待下个月的口粮，并下定决心下个月的钱一定要省着花，可是我们还是依旧在下个月的最后那些日子里习惯性地发现我们的卡上怎么又没钱了呢？

现在流行"钱商"这个概念，什么是钱商呢？简单地说，钱商就是一个人认识、把握金钱的智慧与能力，主要包括两方面的内容：一是正确认识金钱；二是正确使用金钱。一个人怎样使用钱（包括投资赚钱和消费花钱）是检测其钱商高低的惟一方法。

一个叫卡恩的人，有一天站在百货公司前，突然闻到一种很好闻的雪茄味，转脸一看，原来在自己身边，站着一个穿戴得体的绅士，雪茄烟的香味就是从他手上的雪茄上传出来的。

卡恩恭敬地与那绅士搭话："先生，你的雪茄味道很香，我想，它一定不便宜吧？"

"两美元一支。"

"好家伙……您一天抽多少支呢？"卡恩佩服地问道。

"大概10支左右吧。"

卡恩惊讶了："天哪，您这样抽了多久？"

"抽了40年了。请问，先生，您是为这家烟草公司做调查的吧？"

"不，先生，我只是想计算一下，这40年您一共抽了多少美元。我想，您如果不是这样抽烟的话，抽雪茄的钱足够买这幢百货大厦了。"

"先生，您抽烟吗？"绅士反问道。

"不，我才不抽呢，抽烟是一种浪费。"

"那么，您有一幢百货大厦了吗？"

"我哪里有那么多钱。"

"告诉您吧，这幢百货大厦就是我的。"

按照一般人的看法，卡恩的想法是对的，并且他也很聪明，能够马上算出来：每支雪茄 2 美元，每天抽 10 支，那么 40 年的雪茄烟钱，足可以买下眼前的这幢百货大厦。

虽然卡恩很懂得滴水成河、聚沙成塔的道理，并且能身体力行，从没抽过 2 美元一支的雪茄。但是，这样不会花钱的人也是不能赚钱的。所以，抽雪茄的人拥有了百货大厦而不抽雪茄的人却一无所有。

的确是这样，现实生活中这样的例子很多。有的人将钱存入银行，不敢花钱，就算一时意外发了财，他也肯定管理不好财富，会让财富慢慢流失。索罗斯在亚洲金融风暴之后回答记者问题的时候就说过：赚钱，一个乞丐就可以做到；花钱，十个哲学家都难以做好。

金钱的实际价值并不是其表面的金额，同样多的钱如何花，最终产生的结果也不同。会花的，能给你带来也许是几十倍、几百倍的收入；不会花的，花了就花了，不仅没有任何收益，甚至有可能还要赔钱。

会花钱，就是会投入，只有懂得如何投入，才能得到很好的产出。常听朋友们在一掷千金后，仍然豪气万丈地说，这点钱算什么，只要我花得开心就行。至于说完此话后心里是否酸溜溜的，也只有当事人自己知道了。事实上，花得开心不等于花得多，花得多也不等于花得开心。会花钱的女人更能从花钱中感受到生活的乐趣，从而更能感受到赚钱是一项有意义和快乐的事情。

在不少爱消费的女性观念中，认为理财等于节约，进而联想到理财会降低花钱的乐趣与生活品质，没办法吃美食、穿名牌，甚至被归类为小气的守财奴一族。对于喜爱享受消费快感的年轻女性来说，心理上难免不屑于理财，或觉得离他们太遥远。其实，钱越多，生活质量越好，享受层面越丰富，在工作之余享受人生是非常必要的，但如

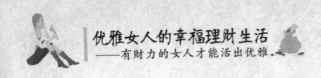
果没有计划，大手大脚乱花钱消费，会在真正需要用钱的时候无能为力了。

也有一些女性朋友收入也很可观，却舍不得消费，会赚钱不会花钱，过度节约。但理财的目的是为了生活得更好，过度省钱和过度储蓄同样不可取。

理财的最佳方略就是花同样的钱，过更高质量的生活，而不是为了未来而降低当下的生活质量。要合理运用我们手中的金钱，量入为出，适当提高生活水平，快乐享受每一天。

那么到底如何做一个清醒消费的女性，既可满足购物欲，又不至于花费过度呢？下面介绍的方法，可以令你轻松实现开源节流。

1. 存小钱买大件

你可以在日常一有小钱就都存在一个账户里，同时保证不花掉账户里的钱。只要你确保这个银行账户不会过期，你的钱也就会慢慢地积攒下来了。

2. 购物省下多少钱，就存多少钱

诸如原价1000元的羽绒服，现在打5折，你可以500元就买到了，剩下的500元可以存下，日积月累这也是一笔不小的收入。

3. 为奢饰品消费建立一个"等待"原则

刚上市的产品，价格通常都会很高。很多人在重金购买了期待已久的奢饰品之后，往往都会存在一种后悔的心理。因此，对待此类物品的消费你可以建立一个"等待"列表，把你想要购买的物品写在这张表格上，过一两个月再回头重新审视。这样，你就很容易清楚地知道自己真实的购物需求。

4. 冻结你的信用卡

这一招对于那些有信用卡的消费狂人而言，其效果无疑立竿见影。

5. 大胆讲价

很多女性朋友对讲价十分抗拒，因为这被视为"老土"的举动，但如不嫌弃的话，不要放过讲价的机会，因为这往往可以省下不少钱。

6. 利用商家宣传单

这是一种利用报纸单张内的广告，去刺激消费的方法。宣传单内通常有折扣印花，拿这些印花去购物，又是一种节省开销的好办法。

7. 去折扣店消费

随着电子商务的发展，一些折扣网站和 DM 比价网站，它们可以帮你找到优惠券、打折卡，甚至跳楼大甩卖。有的网站甚至还会自动弹出窗口告诉你哪里有免费的赠品和打折商品，这些消息都会帮助你了解哪些商品的价格下降了。

8. 团购

团购这种消费模式现在已经比较成熟。通过网络团购，可以将被动的分散的购买变成主动的大宗购买，从而能够享受到更低的价格和更优质的服务，达到省时、省心、省力、省钱的目的。

9. DIY

对于很多女性而言，用于衣服和美容上的费用占了生活开支中相当大的一部分，倘若我们能够在一些事情上做到自己亲自动手，那么我们不仅可以省下相当大的一部分开支，也可以通过动手增加生活情趣。

10. 预定

现在，无论是出差公干还是外出旅行，提前预定酒店都是非常普遍的问题。此时，通过订房网络在酒店预定房间则是最经济的办法。顾客通过网络可以做到货比三家，最终找到自己满意的酒店。

11. 分期付款消费

在购买大的物品时，不妨考虑分期付款。普遍的分期付款都是免息或是超低息的。它的好处是不需要一次拿一大笔钱出来，但又可立即得到自己想要的东西。

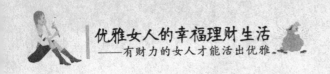

合理开支，勤俭持家

对于现代的家庭来说，最重要的问题无非是经济问题。俗话说"钱是和气草"，没有钱的支撑，多少梦想、多少欢乐、多少幸福都只能在"望钱兴叹"中不了了之！

所谓"管家婆"也正是女人在管理好家庭财务方面，由新媳妇熬成了老太婆的过程。如今女人终于"中央集权"了，怎么管理好这个家、运用好手中的家庭财务权力，如何分配和管理好家庭财务，那就要看女人如何经营了。

女人天生就喜欢购物，很喜欢陶醉在花花绿绿的衣物之间；女人贪心，贪的总是把一摞一摞根本用不上的东西使劲往家里搬。据家庭理财专家在调查中说，90%的商业营销都是针对女人消费的，如果没有了女人的消费，那么会有许多的商场不得已而关门大吉。

如果真正懂得消费的女人，在选择家庭消费购物上，会很理智很智慧的消费。在每次消费时，她总会根据自己家庭的需要，计划出消费的清单，控制不必要的开销，克制自己的消费欲望。

但是有的女人却盲目的消费、随意消费，浪费掉大量金钱。给家庭造成了经济危机，给家庭的资金积累带来很大的隐患。针对这种消费习惯的女人，应该吸取教训。在以后消费购物的时候，可以先列一个计划清单或只带一点有限的钱在身上，以制约消费欲望。一个家庭的好妻子应当是一个家庭理财的专家或高手，控制自己的消费欲望则是成功理财的第一步。

根据家庭需要，女人应该把合理的消费提前预算并列出明细账来，为家庭量身制作新的收支计划。新的一年一开始，首先把这一年中的固定开销列支出来，诸如房租、食品费用、水电费、保险费、交通费等项目，然后再计划必要的开销，诸如置衣费、医药费、教育费、交通费、交际费等等，在列支项目时不要一个人说了算，要和爱人多商量，共同来执行。

女人如何依照家庭需求制作合理的预算，对家庭理财来说是很重要的一步。很多女人都知道，这不是件容易的事情，所以预算计划必须得到全家人的合作，才能得到合理的预算结果，同时还需要具备坚定的决心和严谨的自制力。女人一进入商场总是控制不住自己的消费欲望，看见每一件物品都是家庭所需要的，可是在买回家以后，却发现并不是很重要的，也不是必须的用品。所以，女人最好放弃这种消费行为，特别是避免购买一些昂贵的衣服、首饰、装饰品，而把节省下来的钱用来更换早已经老化的电视机或其他的电器。

勤俭持家是中华民族的传统美德。虽然我们的生活条件比从前要富裕很多，但是也不能丢掉勤俭持家的传统习惯，它不仅是"传家之宝"，也是我们积累资金，为家庭获得更大投资资本，而积累原始资金的主要资金来源，也是我们改善家庭生活，提高生活质量的重要组成部分。

不少家庭过日子，只注意怎样增加收入，如何赚取更多的财富，却忽视了对家庭支出的管理，就是赚的再多，也会入不敷出，这就需要女人对家庭的日常开支做一个合理的规划。事实上细心的女人特别注意日常开支，这对家庭提高生活水平有着极其重要的作用。每一个家庭中的财政大臣都应该做到精打细算，不冤花一分钱。

其实每个家庭，就是一个小小的"独立核算单位"。家庭有收入，也有支出。俗话说："由简入奢易，由奢入简难。"在今天，勤俭持家对于家庭消费经济效益的提高更具有重要意义。

另外，在现实的生活中，会有许多意想不到事情发生，这都是无法想象和避免的。例如：突然生病了、同事要结婚等等，这些无法预知的事情，是在做家庭计划时绝对想不到的。

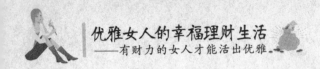
许多家庭理财专家，都对年轻的家庭提出了警告：如果要应付紧急事件，不管物价如何上涨，只要每个月存下收入的十分之一就足以应对各种意外，用不了几年就可以获得经济上的富足。意外开支一般都是一些无法预料的事情，所以家庭中做一些预防的措施是很必要的，没有经济危机的家庭才是幸福的家庭。

其实女人想要做一个会理财的女人，让老公放心地将每月的薪资全部交给你，是很容易做到的。利用女人善于理财的天赋，合理地使用每一分钱。改变日常的消费习惯，然后将家里的闲散资金再做合理的投资，并有效地规避因投资带来的风险。当老公看着你规划日子，越过越红火的时候，心里还不乐开花啊！

拯救购物狂，绕开商家陷阱

在以守财奴著称的犹太社会里，口耳相传的秘诀就是："想赚钱，先抓住女人的心。"没错，事实也的确如此，错过消费主体的女性，就什么也捞不到了。

毋庸置疑，消费是经济活动的最大推动者，也是主导生产的决定性关键，甚至左右一国的经济走向，在理财上的象征意义也很大。消费动向与理财脉动相同，在理财上，积蓄比增值更重要，缺乏资金的理财，就如同缘木求鱼。想要打理资金，聪明的消费是一大关键。适当的消费，才有余力储蓄。良好的消费习惯与消费倾向本身，就是理财的标准答案。

对于女性而言，如果你一个月消遣时间的 1/2 是徜徉在商场中、如果你认为购物是慰劳自己的最好方法、如果你多次为自己买的东西而感到后悔、如果你经常在不需要某种商品时也非要购买它、如果你买不到想要的某种商品就难以忍受、如果你有多次薪水入不敷出的情况、如果你经常发现自己购买的东西被你置之不理……那么，"恭喜你"，你基本上已经成为一个购物狂了。

董灵可是个超级购物狂，每次她一到商场，人立刻就兴奋起来，总能想起自己缺这个缺那个，于是买个没完，每次至少也是上百元。有时候买回来的东西放在一边也想不起来用，浪费了不少钱。

在元旦那天，她与老公一起去逛商场，她买下了一件 800 元的名牌外套，而放弃了另外一件款式、质地类似的 600 元的外衣，原因仅仅是前者打的是对折，后者打的是 8 折。但是，在老公看来，两者并无质量上的差别，不管打几折，800 元就是比 600 元多出 200 元来。而在董灵的眼中，买下那件打对折的衣服也就等于节省了 100 元钱。

生活中，有很多董灵这样的女人，她们总是为了所谓的省钱而多花了不少冤枉钱。到许多商场总能看到一大群不同年龄段的女人推着满满的一车商品等着付款，这其中大多数都是打折的商品。她们大多数都是抱着"因为现在商品比原价便宜很多，所以多买些就是为了省钱嘛，不买就是浪费了"的想法的，而这种心理则恰恰印证了心理学家们的结论：女人们在做决策时，并不是去计算一件商品的真正价值，而是根据它能比原来省多少来判断。

面对打折、特价的诱惑，许多女人都认为只有将这些特价商品买回去才算是占到便宜了，而买回去的东西不是很久才用上就是根本用不着。她们纯粹是为了省钱而消费，而不是为了现实需要而消费，这当然和女性爱贪占便宜的心理是有关的，她们认为只要能占到便宜就要义无反顾。于是，商场或者小商贩们就纷纷使出了"挥泪大甩卖"、"免费赠送"、"巨奖销售"等各种各样的招数，遍街林立的"特价商品"、"品牌折扣"的商店也应运而生。在女人看来，不管是一只发卡还是一件内

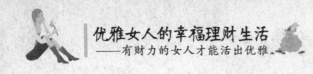

衣，只要能够省钱，有甜头可吃，她们就会毫不犹豫地打开钱包。

但俗话说，做商家要精明，做顾客更要精明。毕竟对于顾客而言钱是要给别人的。那么，如何看穿商家惯用的一些促销手段呢？

1. 拒绝免费的午餐

从某种角度来看，抽奖这类活动在所有促销形式中是最为刺激的，毕竟在中奖之前谁也不知道自己能得到什么。不过精明的买家对于抽奖这类活动却从不感冒。

虽然相比送礼、降价而言抽奖的投入要小很多，而且巨额大奖的诱惑，往往可以极速聚拢人气，对于商家品牌宣传意义不错。而且如果抽中大奖，真能便宜数百乃至数千元到也是好事。不过能中大奖的人毕竟不多，比起因为想得奖品而买产品，那就太没有必要了。

而且抽奖活动也存在一些不光明的一面，虽然不会很多，但抽奖活动中的确有暗箱操作的做法。这里我们只建议举办此类活动厂商，把抽奖的透明度变高一些，让消费者真正得到实惠。

2. 洞悉"打折"真相

爱美、爱逛街的女性们都知道，现在商家打折的花样可谓五花八门，层出不穷，没有细心研究过、不明真相的人，还真能被迷惑，要么掏了冤枉钱，要么和商家展开一场不必要的纷争，结果往往是劳神伤财。因此，建议年轻的女性朋友们在打折面前，最好不要冲动，冷静一下，看看这个东西你是否真的需要，如果不需要，即使打再低的折也不应为其所动。

3. 避开返券的圈套

返券一般有以下几种：其一，礼券的购买受到严格控制，也就是说，没有几个柜台参加这个活动，只要稍加留意就会看到"本柜台不参加买××送××的活动"的不在少数。其二，到了秋装上市的季节，那些夏天的货品时日无多，赶紧处理。这就意味着你在今年也没多少时日穿它了。其三，连环送的形式送得"有理"，由于实际消费过程中一般不可能没有零头，这就无形中使得折扣更加缩小，商家最终受益。其四，要弄清楚送的到底是 A 券还是 B 券，A 券可当现金使用，而 B 券则要和同等的现金一起使用。

4. 揭开"送礼"的奥秘

送礼在市场中可谓相当多见，礼品不但有电脑卖场中常见的鼠标、键盘、音箱等等小件产品，而且诸如洗衣机、冰箱、自行车、洗发水等等日用商品也是经常见到，加上玩偶、手表、PSP 等等产品。

对于消费者来说，如果您认为礼品值得，自然可以出手。更多的时候我们建议等待，在市场消化一阵之后，这种变相降价必定会变成直接的降价，因此不妨到时候再行购买。

5. 降价

降价作为用户最喜闻乐见的促销形式往往是厂商们的重头动作。与其他促销形式不同，降价带给用户的实惠最为直接，同时降价也是使产品性价比骤然提升的最简单手段。因此降价往往会引起整个业界的震动，尤其是大幅度的降价，更可能在行业内引起多米诺效应。

但商家降价往往有二个阶段的特点：第一次降价往往是试探性的，小降一百、两百，不但可以增加自身性价比，而且也可以刺激一下整个市场。

进入降价第二步真正的大幅调价之后，此时市场中同一档次的产品将会接二连三的突破最低线，直到 90% 以上品牌产品的价位基本持平达到新的平衡为止。如此降价往往会持续 1 个月左右，因此当第一款产品出现大幅狂降的时候，大家不必太急于购买。多观望一阵，必定能得到更多的优惠。

6. 换新

不少厂商推出了以旧换新的活动。其实这种活动在家电市场中早已司空见惯了，老产品折合钱换新品，虽然折价不高，但要比卖给二手奸商合适多了。换新的产品往往是目前最前端的产品，而且还使得

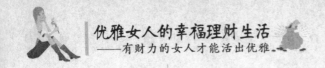

您的旧件有了发挥余热的空间。当然，具体换什么，能折合多少钱去换，也直接关系到换购的实惠程度，而这就要看您对市场的了解了。

总的来说，面对市场中众多的促销活动，对于消费者来说，冷静的看待还是十分必要的。或许观望一阵之后你会发现，很多促销不过是变相降价。而在商家之间的激烈竞争之后，市场中会出现更多值得关注的产品。

7. 购买时机

社会商品特别是耐用消费品的出现总要经历开发、研制、小批量生产、大量投产、萎缩等阶段；然后是又一轮的开发、研制……在最初的开发、研制阶段，产品的性能还不稳定，但十分新潮；产品的成本高、售价贵，市场销量逐步上升但升幅不大，这个阶段的商品不宜购买。应等到进入批量生产阶段，此时商品的性能、质量逐渐趋于稳定，生产批量大了，价格有所下降。假如不是特别急需使用，最好再等一等，因为其价格还未降到谷底。

掌握逛街侃价的技巧

现在，一些圈内公认的逛街高手们都流行一句术语——称逛街为"淘货"，衣服样式好不好看，在高手说来就是"货色好不好"。既然逛街成了"淘货"，那么不仅仅要能慧眼识好"货"，更在于能以合适甚至低的价格拿下。

1. 看到中意的衣服不可喜形于色

在一些个性十足的服装小店，不经意间发现了令人眼前一亮，并且能一见钟情的衣服的概率是非常高的。但是此时千万不可以像发现新大陆一样立马眉开眼笑，跑去向老板询问价格。如果让老板察觉到你对这件衣服喜欢得死心塌地了，那么他往高里喊价的风险也就随之增加了许多。

对于买家而言，发现好衣服的喜悦要藏在心里，脸上要不露声色。你可以漫不经心地先摸摸衣服的料子，或者对老板提出试穿的要求。价钱大可不必急着问。穿上之后，还可以再和老板过几招，比如问问这个款式还有没有别的颜色，即使身上穿的这个颜色你已经非常喜欢了；或者说"要是袖子再长点就好了"之类鸡蛋里面挑骨头的话。这时，老板多半会打圆场，说这件衣服的好话，但你千万不能就随着他的思路走了。当他的好话说得差不多的时候，你就可以开始问价了。让老板觉得你不是特别喜欢，凑合卖了算了，所以开的价钱一般不会很高。

2. 杀价要心狠嘴辣

和商家讨价还价，最重要的就是不能心慈手软，要知道心软了，就得多掏银子。有些时候，看准的衣服自己要有个心理价位，什么面料，什么款式，以及商店所处的地段是否为繁华地段等等因素都与商品的价格直接挂钩。一件纯棉的长袖 T 恤衫，一般质量再好的也就40～50元，可是很多老板会喊出 100 元以上的价格。此时，你大可以做出掉头就走的架势，以示老板不是诚心想卖衣服。老板们则会拉住你，向你说这是有牌子的正宗货，或是出口转内销的外贸货，质量有多好等等。而你却不必理会这一套，因为谁都知道真正名牌的衣服都在大商场，小店买衣服图的是个性和时髦。所以，你可以喊出比自己心理价位稍微低点的价格，也许是他喊出价钱的三分之一都不到。此时，老板必然会向你加价，而你一定要坚持自己的价钱不能松口，大不了不买。几个回合下来，老板只要拗不过你，多半会在你开出的价钱上稍微加点就可以成交了。

3. 东西不是越贵越好

贵东西必然有它贵的道理，但对贵东西的"好处"则要具体分析，传统认为所谓的好，多表现在材料、制造、设计、工艺等方面。

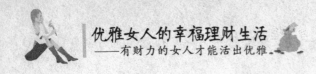

在现代社会，"好"的方面要广泛得多——两件材料、制作、工艺等完全相同的西服，名牌的比非名牌的就可能贵上好几倍，那些多出来的钱不是花在西服上，而是花在牌子上了。

另外，我们知道在新品上市的时候（尤其是电子产品），价位也是高得惊人的，如果你在这时候买进，无疑可以"风光"一阵子，但一段时间之后，你会发现，时间过得有多快，价钱就跌得有多快！

4. 懂得货比三家

众所周知，现在市场上跟风比较严重，小店里的衣服是跟着一阵阵流行风而来的，很多时候在这家店里看到的衣服，在另外一家店里也能看到。货比三家，指的就是价比三家，同样风格的衣服在不同的小店就会有不同的价钱，当然这也和衣服的面料、小店所处的位置相关。在和商家讨价还价的过程中，你可以很轻松地说在别家店也看到过这样的衣服，质量不见得差，价格比你低一半，即使你以前根本就没有问过价钱，不是都说兵不厌诈吗？此时，小店老板们会很急切地表明你不识货，以那样的价格绝对买不到。当然，你可以很轻松地说一句去别家再看看，即使没有买到衣服，起码也摸清楚了行情。

此外，要买到便宜东西除了会砍价外，还可以学一学下面这些窍门：

1. 充分利用各种渠道去得到消费品的信息

比如网络。买房有"搜房"，买手机去"通信天地"，买电脑有"中关村在线"，装修找"网上建材城"，实在不行用个"引擎"什么的搜索一把，搭上点儿边的信息一览无遗，搞不定才怪！

2. 平时也该多留意相关产品的信息

只有多动脑、勤思考、多积累，在消费的实践中你才会迅速成长。

3. 实践是检验真理的惟一标准

要在实践中努力成长为"购物专家"，这样才能在当今频繁的商品交易中立于不败之地。

"财女"必知的旅游省钱之道

现在，随着人们生活水平的提高，越来越多的人倾向于出门旅游这种享受生活方式。旅游虽好，但花钱也多。正因为如此，工薪族想旅游时，往往得考虑承受能力。其实，在旅途中只要精打细算，也可以节约不少。

1. 淡季出行是省钱的基础

一般来说，每个景点都会有淡季、旺季之分。淡季旅游时，不仅车好做，而且由于游人少，一些宾馆在住宿上都有优惠，甚至有的最高可以打折50%以上。在吃的问题上，饭店也有不同的优惠。仅此一项，淡季旅游就比旺季旅游在费用上起码要少支出30%以上。

尝试网上预订，这会比在门市预订便宜10%左右。

2. 选择好出游时间和路线

提前做好出游计划。因为越早预订机票和酒店，享受低价的可能性越高。预订后要保持沟通。许多航空公司和酒店在你预订之后，如果价格下跌，都会提供一个更低的价格。因此，尽早计划行程，在发现降价时要求供应商提供折扣，最多可以节省25%左右。

3. 景点门票避"通"就"分"

现在很多旅游景区都出售通票，这种一票通的门票，虽然有节约旅游售票时间的好处，而且比分别单个买旅游景点的门票所花的钱加起来也要便宜一些，但是大多数旅游者往往不可能将一个旅游区的所有景点都玩个遍。鉴于此，游客大可不必买通票，而改玩一个景点买一张单票，这样反倒能省下些钱来。

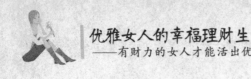

4. 路线设置要合理

在旅游计划设定之前，首先要对自己旅游的景区有个大概的了解，对一些景点进行适当筛选。譬如很多重复建造的景观就不必去了。其次是在旅游时，尽量别坐缆车或索道，许多景点最好亲自走一遭，既省钱，又能体会到它的魅力所在。最后拿出一点时间去逛大街，看看景区和城市的风土人情，这样不但能玩出好心情，还可以增长知识，陶冶性情。

5. 选择经济实惠的旅行工具

众所周知，坐火车时间长，飞机时间短，但两者的价格差异还是相当明显的。对于普通家庭来说，全家外出选择来回乘火车是比较划算的。而且，随着火车的屡次提速，为百姓的旅游提供了比以前更多的便利。

如果选择乘飞机出行方式，最好"挂靠"某个旅行社代订机票或享受某个会员制机构的会员待遇。而且随着网络的盛行，"网上凑团"正逐渐风行。有共同飞行需要的网民在网上团购，达到一定人数后，自然可以从航空公司拿到集体票价。此外，乘船也是相当经济的旅行方式，不但省去了转车的麻烦，还可以饱览沿途风光。

6. 以步代"车"

旅游重在身临其境，身体力行地体味、感悟自然和人文景观中的境界和内涵。随着旅游区现代化建设和城市交通的发展，一些人的旅游已变成一种"坐游"。出门要打的、坐公汽，登山要坐缆车，这种做法不仅多花钱，而且容易走马观花，失去旅游的真正意义。以步代车，既可以最直接地观光，而且还会节省一大笔交通费用。

7. 出门购物有技巧

出门旅行，应当学会适当克制自己的购物欲望，在旅游途中尽量少买东西。一则旅行途中购物不便旅行，而且旅游景区一般物价较高，买了东西也并不划算。除非是非常有纪念意义的东西，否则最好还是

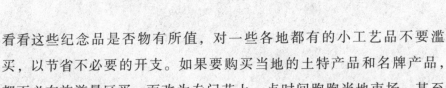

看看这些纪念品是否物有所值，对一些各地都有的小工艺品不要滥买，以节省不必要的开支。如果要购买当地的土特产品和名牌产品，都不必在旅游景区买，而改为专门花上一点时间跑跑当地市场，甚至可以逛逛当地夜市购买。同时，尤其值得注意的是，切记不要购买贵重的物品。

8. 带张不收费的银行卡

以家庭为单位旅游，一次花费少则几千元甚至上万元，带现金既麻烦又容易丢失，带上信用卡就方便了。目前，各旅游景点的金融服务和信用卡特约商户较为发达，持卡可以充分发挥作用。个人持卡旅游可以减少携带现金的麻烦；可以利用信用卡支付住宿、就餐、购买物品等费用；可以异地提取现金；可以透支消费。

9. 到景区外食宿

一般来说，在旅游区内食宿要多花费，因此要尽量到景区外食宿。比如在到达确定的旅游景点前，可选择离景点几公里的小镇或郊区住下，然后选择当地有特色的小吃用餐。游览完后，也要再选择远离景区的地方住宿。在旅游中，早餐一定要吃饱吃好，午餐如果在景区内，最好有准备地自己带些面包、火腿、纯净水等方便食品，既省时又省钱。如登黄山，山上一碗面条就要二三十元，而自己带方便食品几元钱就可以了。晚餐可丰富一些，以使身体能够得到足够营养补给。在景区外食宿一般可以节省 40% 的费用。

10. 出门旅行，要吃就吃特色小吃

出门旅游若想在食上省钱，就尽量多品尝当地的特色小吃。这些东西不贵，是地地道道的本地风味，而且流传时间长，其味道肯定也是相当不错的。当然，这些"老字号"也仅限一顿而已，多吃也无益，反倒花不少冤枉钱。因此，你完全可以到当地人气很旺的餐馆和大排档，通常这些地方食物正宗，价格不贵，同时也可领略当地人的生活。

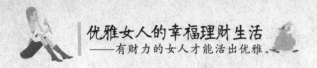

各有侧重：不同家庭、不同收入的理财计划

新婚夫妇的理财规划

新婚夫妇在婚后要合理分配自己的财产，合理投资，让自己以后的生活有一个好的开端。在理财过程中夫妻双方要多交流，勤沟通，找到夫妻双方都能认可的理财方略。

琳琳准备跨出人生重要一步，结婚。然而，二人世界和单身贵族的生活是完全不同的，婚后该怎么处理有关财务的问题呢？

琳琳是位标准的办公室白领，在一家外贸公司作行政助理，收入还算不错，大概每月6000元左右。琳琳的男朋友大华也在同一家公司工作，任职部门经理，月薪大概万元左右。琳琳是女孩子，花钱比较注意节省，目前有10万左右的存款；而男朋友虽然收入要多一些，但从不算计，所以目前只有一辆车，存款不到5万。两人都没有买房子，准备婚后再买。

两人相恋5年，准备在今年结婚。但一方面，两人都当了长时间的"单身贵族"，对婚后生活或多或少都感到有些心里没底；另一方面，两人都没什么理财经验。那么，婚后琳琳该如何打理小家庭的财产，怎样根据双方经济收入的实际情况，建立起合理的家庭理财制度呢？

针对新婚夫妻，在理财方面需要注意些什么呢？我们归纳为以下几点：

1. 婚前个人财产公证

这种方式在西方早已盛行，在我国，随着市场经济的深入，正逐步被一些人所接受。实行婚前个人财产公证者，通常都有固定的职业和稳定的收入，操作办法是先建立个人收支账目表，对个人拥有的金银首饰、房产、字画、古玩、债券、股票等较大的自有财产进行登记，记录购买时的价格。到结婚时，把这些个人财产进行公证，同时约定，婚后谁出钱购买（带有固定资产性质）的财物归谁。有人指责婚前财产公证"冷酷"，实际上，现代社会崇尚法制化、规范化，作为具有独立意识的现代人，此举很可能是相互尊重、予人予己两方便的好办法。

2. 尊重对方消费习惯，掌握正确的消费理财观

刚结婚的小夫妻，由于过去的家庭背景和生活习惯不同，在未来共同的生活中，不仅要在生活习惯上磨合好，也要在理财习惯上磨合好。同时，新婚夫妻家庭财富还处在积累期，生活上应尽量避免讲排场比阔气、盲目消费等不良习惯。所以，掌握正确的理财习惯，尤为重要。

3. 知己知彼，方能宏观掌控

在进行家庭理财之前，新婚夫妇们须先把自己的财务搞清楚，比如每月的收入支出，家庭资产负债，以及未来家庭开支计划。并养成记账的好习惯，这样不仅对自己的未来收支一目了然，更重要的是找到问题，并及时调整合理规划。

4. 强制储蓄，逐渐积累

建议新婚夫妇优先到银行开立一个零存整取账户，每月发了工资，首先要考虑去银行存钱；如果存储金额较大，也可以每月存入一

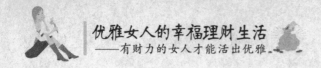

张一年期的定期存单，这样既便于资金的使用，又能确保相对较好的利息收益。另外，现在许多银行开办了"一本通"业务，可以授权给银行，只要工资存折的金额达到一定数额，银行便可自动将一定数额转为定期存款，这种"强制储蓄"的办法，可以使年轻人改掉乱花钱的不良习惯，从而不断积累个人资产。

5. 尽快买房，主动投资

对于新婚夫妇而言，经过一段时间的储蓄，夫妻应该可以达到购房的首付目标，这时就应尽快办理按揭购房。作为一个白领，居者有其屋是一个起码的生活标准。同时，近年来房产呈现了稳定增值的趋势，夫妻俩可以买一套30万元以上的商品房，这样每月发了薪水首先要偿还贷款本息，减少了可支配资金，从源头上扼制了过度消费，同时还能享受房产升值带来的收益，可谓一举三得。

6. 建立家庭紧急现金备用金

实际生活中我们难免会遇到一些突发事件，所以家庭紧急现金备用金就是必须要考虑的事情了。以家庭3至6个月所需的正常生活开支为限，具体的储备工具可以选用活期存款来准备1个月生活开支，另外的备用金可以选用定期存款和货币型基金等流动性较高的金融工具。当然，如果有张可以透支消费的信用卡，紧急时候，也可以作为消费使用。

7. 重新规划未来的投资策略

新婚夫妻根据家庭的生活理财目标，重新评价过去两人的投资品种、风险程度、收益率、流动性等，看看是否需要作出相应的调整或建立新的互补方案，使家庭的利益最大化。年轻夫妻可以选择风险承受能力稍强的金融理财产品，在承担高风险的同时，用时间来换取高收益。

按投资的风险偏好类型分有3种。

（1）成长型：风险高，潜在的收益也高，适合风险承受能力强的投资者，产品主要有房产、激进型股票、股票型基金、外汇、黄金。

（2）稳健型：风险适中，收益适中，适合风险承受能力中等的投资者，产品包括稳健表现的股票、混合配置型基金。

（3）保守型：追求本金安全，固定收益，适合保守，风险承受能力较弱的投资者，具体产品有债券型基金、货币型基金、国债等。

8. 配置合适的保险保障

保险是现代生活重要的避险工具。先整理下夫妻已经购买的保险，然后再做出相应调整的方案。具体保险额度，可以参考保险中的双十法则，也就是用家庭年收入的十分之一，来保障年收入的十倍。从对保险的需求着手，优先顺序是意外险和健康险，然后是定期寿险，再次是终身寿险。在保险具体操作上，逐渐增加配偶作为自己的保险受益人。

9. 基金定额定投很流行

基金是最适合一般非专业投资者的理财产品，而基金定期定额又是最值得推崇的长期稳健投资工具。不仅摊低成本，最重要的是帮我们养成积少成多、强行储蓄的良好习惯。分红方式可以选红利再投资，根据家庭未来的理财目标和风险偏好，选择刚才我们提到的三种不同类型的基金或者基金组合。

理财永远也不晚，最好的时机就是眼前，新婚家庭年轻是最大的法宝，让复利发挥出效果。年轻应勇于承受适度的风险。年轻夫妻应该摒除外界的诱惑，坚持自身定好的投资计划持之以恒。

丁克家庭的理财规划

在繁华的大都市，有这样一些人，要么他们因为工作忙碌，虽然结婚多年，但没有空闲的时间养育子女；要么他们因为崇尚自由，希

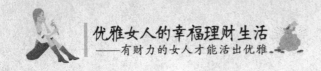

望过无忧无虑的二人世界，而构建了最少人口的家庭。他们被称为"丁克一族"。丁克一族的夫妻感情大都很好，而且观念都比较时尚超前，对生活品质要求较高。但因为繁忙而大多是"财盲"——没有理财的概念，也无时间和精力去打理资产，而且因为没有孩子，少了一大笔子女教育费用的担忧，因而在日常花销上不容易节制，所以一般丁克家庭都存在着一定的财务风险。下面就通过一个较典型的丁克案例来具体分析丁克家庭如何进行理财规划。

今年36岁的成先生和33岁的妻子就是典型的"丁克家庭"。成先生是南京一家外贸公司的部门主管，妻子在一公司从事营销工作。结婚已有9年还没要小孩。

成先生家庭处于家庭形成期至成熟期阶段，家庭收入不断增加且生活稳定。家庭年收入11.7万元。其家庭的收入中，主动性（工资收入）为9.6万元，占家庭总收入的80%以上。其中房产和金融资产各占一半，该比例是合理的。其债务占家庭总资产的比例不到7%，债务支出占家庭稳定收入的17%左右，完全处于安全线内。鉴于年老后除了日常生活开销，医疗费用的支出将占较大的比例。成先生一直在盘算着如何通过保险保障来抵御未来疾病的风险，希望专家能推荐一些养老和重疾保险方面的品种供他们选择。

遵照这样的情况，银行的理财专家为一对没有生育计划的白领夫妇制订了如下的理财计划：

1. 家庭资产配置建议

一个家庭的应急准备金不低于可投资资产的10%。成先生只要留1万元银行存款即可，因为5万元的货币基金也属于应急准备金。20万元股票资金可以不动，不过，切忌盲目追涨，多关注理想的蓝筹股。5万元的货币基金、2万元的博时基金和1万元招商先锋基金可继续持有。其余的资金应当及时转为投资基金，如债券型基金、股票型基金。购买基金可以采取"定期定额"的方式投资。同债券基金的"看似安全，实则危险"相比，系统化投资于股票基金可以说是"看似危险，实则安全"的。但基金一定要长期持有，如果投资一二十年，投资报酬率远远比储蓄赚钱快，也有助于更快达到理财目标，同时也为成先生夫妇养老早作准备。

外汇投资，是一种全球通用的投资技能，一般晚上的行情波动比白天更剧烈。成先生夫妇工作比较忙，把 2 万美元的"外汇宝"，购买各大银行推出的短期限、高回报率的外汇理财产品，从目前理财市场品种来看，保本型投资风险低，但收益相对属于偏高，具有投资性。

2. 增加保险品种和额度

对于家庭的经济支柱，保险一定要规划充沛。除了三险一金，可以考虑保险公司专为高端客户做的保险组合。例如，年交保费 110009.5 元，交费 20 年，可以享有年满 65 周岁时一次性领取 300 万元作为养老基金；20 种重大疾病保障和失能保障 30 万元；住院医疗最高 10 万元/年住院费用，200 元/天住院津贴（交费期内）；意外门诊最高 1 万元/年（交费期内）；疾病身故 100 万元；意外身故最高 500 万元；意外残疾最高 200 万元的保障。总计投入约 220 万元，到期返还 300 万元，期间享受最高 500 万元的人身保障。

对于非家庭的经济支柱，也应该有全面的保险，终身寿险、意外伤害险、重大疾病保险和医疗住院补贴险也都是必须的。家庭的综合保险计划应选年缴的方式，每年的保费控制在家庭年收入的 15% 左右。

3. 准备养老金

对于丁克家庭，养老金的准备至关重要。两人若想退休后保持现在的生活水平不变，快乐惬意地享受生活，需要相当大一笔资金支持。以上述案例中家庭的收入水平来说可以购买一定量的商业养老保险，

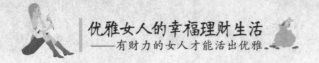
筹集专门的养老金。另外，由于家庭没有时间打理投资，可以采用定期定额购买股票型或混合型基金的方式，每月拿出一定量的钱做长期投资来为筹备养老金，既可以规避风险，又能分享国家经济增长带来的高收益。如果每个月拿出 20000 元，按年投资回报率 6% 计算，10 年后这笔钱约为 430 万，再加上商业养老保险，完全可以满足家庭养老需求。

4. 对目前的金融资产合理调整，投资可多样化

（1）留够紧急备用金。对于丁克家庭来说，平均月支出可能会波动较大，所以建议家庭留够 5 万元活期存款作为紧急备用金和平时的日常支出。

（2）可考虑投资房产。家庭对金融投资没有时间打理，同时也不希望投资的风险太大，可以考虑投资房产。建议家庭用 100 万投资两套地段好的小户型房产用于出租，一方面可以分享房产升值带来的好处，另一方面也可以得到不错的租金收益。

（3）可考虑基金和理财产品。对于资金相对充裕的丁克家庭可以考虑购买两只到三只股票型或混合型基金长期持有，其余资金则可以选择购买人民币产品理财。基金作为机构投资，风险是比较小的，收益也不错，而且不用时时关注，比较适合家庭投资。

"421"家庭的理财规划

"4 + 2 + 1"家庭结构：一个新型的倒金字塔形家庭结构，即两个年轻人，上有四位老人，下有一个宝贝。在这样的家里，年轻人是大家庭的轴心，要赡养四老，还要抚养一小，生活的压力可能会非常大，该如何协调家庭中的种种关系和矛盾呢？

赵先生和赵太太在两年前就踏上红地毯，过着甜蜜的二人世界生活，仿佛自己是世界上最幸福的人，整天无忧无虑。虽然有银行住房贷款 50 万，但是对于这对新人来说，没有别的大开支，支付房屋的月供不成问题。可是今年赵太太怀孕并生下了孩子甜甜之后，孩子的开销比预想要大，这对夫妇就开始发愁了。

　　另外一个让赵先生头疼的事是赵先生的父亲由于年老，身体不比当年，今年住院就花了近 6 万元，尽管有医疗保险可以负担一部分，但是自己还是得承担部分费用。

　　原来，赵先生和赵太太均为独生子女，他们家属于典型的"421"家庭。赵先生今年 28 岁，在一家 IT 企业工作，月工资为税后 8000 元左右。赵太太今年 25 岁，为一家商业银行的职员，税后月收入 6000 元。

　　2004 年 7 月他们结婚时贷款在北京市内购买了一套当时价格为 100 万元的住宅。

　　为了尽量节省利息，双方父母都倾囊而出，首付了 50 万元，其余 50 万元就只能通过银行贷款。赵先生和太太都有住房公积金，两人每月分别缴纳 1500 元和 1200 元，住房公积金账户上的余额分别为 5.5 万元和 3 万元。赵先生利用公积金申请贷款，10 年等额本息还款，贷款利率是 4.41%，每月还贷 5160 元。

　　夫妻二人由于工作的时间不长，加上结婚、买房和新房装修的大额支出，家里的积蓄非常少，只有近 5 万元银行活期存款。另外赵先生见老同学炒股票都赚了不少钱，于是也在股票市场上投入了 5 万元，结果到现在还被套着。

　　赵先生和赵太太的公司都给上了五险一金，但两人及父母孩子均未投保任何商业保险。平时赵先生喜欢打网球，每个月与朋友往来约需支出 500 元；赵太太每月美容健身费用为 500 元；而全家三口的日

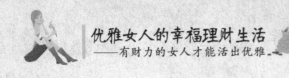

常开支杂费也较大，平均每个月家庭杂费（含每月的电费、电话费、物业费、上网费等）需 1000 元，生活食品饮料杂费约 1000 元，外出就餐约 1000 元，每年全家服装休闲等开支约 5000 元。家庭交通费每年大约 10000 元。此外，由于夫妇俩的父母均不在北京，因此每年要给双方父母赡养费共 10000 元。小甜甜一年的开支大概在 10000 元左右。

1. "421" 家庭更需要理财

赵先生家庭属于中等收入家庭，两人讲究生活质量，花销比较大，年节余比率为 11%，家庭积累财富的速度不快。投资与净资产的比率偏低，负债比率和流动性比率都还比较适当。但随着赵先生夫妇父母的年龄增加和女儿甜甜长大，家庭负担将会逐渐增加。而女儿甜甜刚出生不久，不管将来发生什么事情，赵先生和太太都希望甜甜能有足够的生活费和学习费用。此外，赵先生还是个超级车迷，希望能够在近几年内购置一辆价格 15 万左右的小轿车。

对 "421" 年轻家庭来说，面临如此的财务压力，可不是一件好事。一向不太在乎平时花销的赵先生和赵太太必须现实起来，尽量在不降低生活品质的前提下节省开支。

现在赵先生和赵太太已经感觉到收入不够，但是面对日益激烈的竞争，在目前的职位上要想提高工资收入非常困难，在这种情况下，他们应该通过理财开辟其他渠道增加家庭的收入，并对现金等流动资产进行有效管理。

2. 现金规划——公积金账户余额还明年房贷

赵先生和赵太太的收入都比较稳定，身边的现金留够一个月开支就行，另外留两个月的开支备用，可以以货币型基金的形式存在。

考虑到赵先生和赵太太一直都在交纳住房公积金，目前住房公积金账户余额为 8.5 万元，因此赵先生应将此款提取出来，其中 61920

元用于归还下年的住房贷款，剩下部分用于投资。因为赵先生申请的是住房公积金贷款，其贷款利率相对较低，没有必要提前还贷，以后每年年底时赵先生和赵太太的住房公积金账户都有余额 32400 元，因此每年都可以节省还贷支出 32400 元。

3. 消费规划——买车计划建议推迟两年

目前家庭每月的生活食品饮料杂费约 1000 元，外出就餐约 1000 元，这两项开支完全可以压缩 1000 元，这样每年可以节省 12000 元。

夫妇俩的买车计划，建议推迟两年执行，因为通过住房公积金归还贷款将使家庭的还贷支出减少 149800 元，节省的这笔钱经过两年的稳健投资，再加上目前的股票资产在两年后的增值，赵先生就可以轻松买上自己喜欢的车了。

4. 保险规划——家庭不同成员保障需求各异

赵先生家庭保障明显不足，这意味着家庭抗意外风险的能力很弱，一旦出现意外开支，将使整个家庭陷入财务危机，甚至危及孩子的成长经费。

因此有必要给夫妇俩及孩子补充购买一些商业保险，主要是寿险、重大疾病险和意外险。

特别是赵先生在 IT 领域从业，工作较忙容易造成身体透支，而他又是家庭的经济支柱，因此重疾险和寿险对赵先生来说显得尤其重要，建议购买保额 10 万元寿险和保额 10 万元的重疾险。

甜甜年龄还小，暂时还没必要投保意外险，主要购买健康险。而赵先生的父母身体不是很好，单位退休福利也不是很好，可以给其父母购买一些医疗保险，赵太太的父母福利较好，应重点考虑意外险和重疾险。

建议赵先生家庭保费每年支出约为 1.7 万左右，今年的保费由现有的活期存款支付。

5. 子女教育规划——每月定投 500 元成长型基金

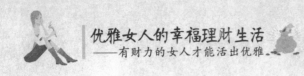

　　建议每月定投 500 元于一只成长型基金上，为甜甜以后的学费作积累。假设成长型基金在未来 15 年内的平均收益为 8%，积少成多，这笔资金在甜甜读大学的时候就可以达到 173019 元，足够甜甜 4 年的大学费用。

　　6. 投资规划——每年结余投资混合型基金

　　赵先生家庭目前的投资与净资产比率偏低，通过前面的规划，家庭增加了保障，可以有更多资金进行投资。而且赵先生和太太都属于风险喜好型的投资者，可以考虑选择风险大、收益较高的投资品种。

　　由于投资股票风险大，需要时间和精力，不适合工作忙碌且无投资经验的赵先生夫妇，建议将其置换成股票型基金。

　　此外，赵先生家每年的结余可以投资于混合型基金，因为这笔钱的主要目的是为家庭意外的医疗费用支出或其他的大型支出备用，同时也可以获取较高的投资收益。以后买车时如果这笔资金没有动用，也可部分用做购车款。

如何制定个人理财计划

　　理财计划不是一成不变的，它需要随着我们生活状况的变化而随时修正。

　　凡是计划，就要有目标。理财计划是指为实现个人所有的理财目标，而制订和施行的协调一致的总体计划。它的核心是以个人的总体财务为目标，为自己所有的财务事宜制订一个协调一致的计划。

　　要有效地制订理财计划，首要工作就是要找出自己当时的财务目标，因此在制订计划前，我们应该理性地确定自己的财务目标到底是什么。是防范个人风险以备不时之需，还是为家庭或子女的教育作积累资金；是为了养老作准备，还是投资及财产管理的需要。每个人环境不同、需求不同，答案自然也不同，对资产分配的比例也不同；所以需要及时修正，及时调整。

确立自己的理财目标只是理财的第一步，接着要选择适当的理财手段及工具去实施你制订的理财规划。不同种类的理财手段和工具有不同的特点，我们根据自己的实际情况进行比较后慎重选择。

生活中，很多人都习惯了随心所欲地花钱直到囊中羞涩，然后伸长脖子等待着发工资的那一天。他们虽然也会考虑将来，但却从来没有好好地为将来的生活计划过。要把握自己未来的生活，你必须有一个好的个人理财计划。以下的步骤相信会对你大有裨益。

1. 确定目标

定出你的短期财务目标（1 个月、半年、1 年、2 年）和长期财务目标（5 年、10 年、20 年）。抛开那些不切实际的幻想。如果你认为某些目标太大了，就把它分割成小的具体目标。

2. 排出次序

确定各种目标的实现顺序，和你的家人一起讨论，哪些目标对你们来说最重要？

3. 所需的金钱

计算出要实现这些目标，你需要每个月省出多少钱。

4. 个人净资产

计算出自己的净资产。

5. 了解自己的支出

回顾自己过去三个月的所有账单和费用，按照不同的类别，列出所有费用项目。对自己的每月平均支出心中有数。

6. 控制支出

比较每月的收入和费用支出。哪些项目是可以节省一点的（例如下馆子吃饭）？哪些项目是应该增加的（例如保险）？

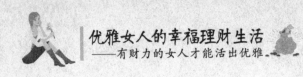

7. 坚持储蓄

计算出每个月应该存多少钱，在发工资的那一天，就把这笔钱直接存入你的银行账户。这是实现个人理财目标的关键一环。

8. 控制透支

控制自己的购买欲望。每次你想买东西之前，问一次自己：真的需要这件东西吗？没有了它就不行吗？

9. 投资生财

投资总是伴随着风险。如果你还没有足够的知识来防范风险，可以考虑购买保本的银行理财产品或购买国债和投资基金。

10. 保险

保险会未雨绸缪，保护你和家人的将来。

健康险非常重要，如果你失去工作能力，就无法赚钱。财产保险对家庭财产占个人资产比重较大的人也很重要。试想一下，如果遭受火灾，重新购置服装、家具、电视等等，总共需要多少钱？

11. 安家置业

拥有自己的房子可以节省你的租金费用。现在就开始为买房子的首期作准备吧。

制定完备的家庭理财计划

计划是家庭理财成功的关键，没有计划你就会像一艘飘荡在大海上的没有帆的船，不知将会漂向何方。一般来说，一个完备的家庭理财计划包括八个方面：

1. 职业计划

选择职业是人生中第一次较重大的抉择，特别是对那些刚毕业的大学生来说更是如此。

2. 消费和储蓄计划

你必须决定一年的收入里多少用于当前消费，多少用于储蓄。与此计划有关的任务是编制资产负债表、年度收支表和预算表。

3. 债务计划

很少有人在他的一生中都能避免债务。债务能帮助我们在长长的一生中均衡消费，还能给我们带来购物便利。但我们对债务必须加以管理，使其控制在一个适当的水平上，并且债务成本要尽可能降低。

4. 保险计划

当你年轻没有负担时，你必须保证自己不会丧失这种能力，为此需要有残疾收入补偿保险。随着你事业的成功，你拥有越来越多的固定资产，汽车、住房、家具、电器等等，这时你需要更多的财产保险和个人信用保险。为了你的子女在你离开后仍能生活幸福，你需要人寿保险。更重要的是，为了应付疾病和其他意外伤害，你需要医疗保险。

5. 投资计划

当我们的储蓄一天天增加的时候，最迫切的就是寻找一种投资组合，能够把收益性、安全性和流动性三者兼得。

6. 退休计划

退休计划主要包括退休后的消费和其他需求及如何在不工作的情况下满足这些需求。要想退休后生活得舒适、独立，必须在有工作能力时积累一笔退休基金作为补充，因为社会养老保险只能满足人们的基本生活需要。

7. 遗产计划

遗产计划的主要目的是使人们在将财产留给继承人时缴税最合理。这个问题在国外比较突出。遗产计划的主要内容是一份适当的遗嘱和一整套税务措施。

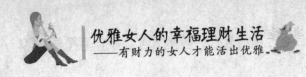

8. 所得税计划

个人所得税是政府对个人成功的分享。在合法的基础上，你完全可以通过调整自己的行为达到合法避让的效果。

在正常的收入与支出范围内，一个家庭每月或多或少会有结余，但是当收入突然中断或支出突然暴增时，此时如果没有一笔紧急备用金可动用会捉襟见肘，陷入一时的财务困境。

紧急备用金可以为我们渡过难关：

（1）应对失业或其他原因导致工作收入中断

失业后能否顺利找到工作，和当时的经济环境和经济周期有关。为了应付失业，至少应准备 3 个月的固定支出，较保守可准备 6 个月固定支出。支出包括每月的生活费用和偿还本息费用。另外，因为意外伤害或身心疾病等原因导致暂时无法工作，虽然通过社会保险可以降低长期丧失劳动能力的风险，但最少也要准备 3 个月无债期、用于固定支出的紧急预备金，而未投保残疾收入者，则以准备 6 个月为宜，更长的应对时间可以是 1 年。

（2）应对紧急医疗或意外灾变所导致的超支费用

有时家庭会出现自己或家人的紧急医疗费用或因天灾、盗窃导致的财产损失，也需要一笔紧急备用金。

从容职场
——解读女人 "薪" 事

※ 财富创造：才情横溢，做可人的职场女人

※ 总有一款适合你：不同身份职业女性的理财方案

财富创造：才情横溢，做可人的职场女人

工作 VS 金钱，幸福指数节节高

现代社会人们的财富逐年增多，但另一方面生活费用也逐步提升。从概念上来说，做好理财并不难。理财一方面就是有效花费钱财，让财富发挥最大效用，能够满足日常生活所需；另一方面则通过开源节流的安排以增加收入，节省支出，不断累积财富，来达成某些中长期的目标。

理财，必须要有"财"才能"理"，所以我们要先得到"财"，这说明收入是理财的基础。优化自己的收入结构，是开源的最重要的目标。对于一般人而言，工资收入作为收入的基础，是最重要的固定收入来源，工资收入可以保证一个人每个月都有一笔固定的收入。其次，奖金和其他收入作为工资收入的补充，有效地支撑起了整个收入结构的基础部分。

但在生活中，有一些偏执的女性认为金钱会带来罪恶，因此对金钱有一种非常奇怪的排斥态度，但其实她们忽略了一点，那就是金钱实际上却可以创造你和家人的未来：金钱帮助你度过艰难时刻，让你的父母平安度过老年生活，为你的孩子提供教育并保障你日常生活的舒适与安稳。这是你的财富表现的第一种形式，财富可以帮你开启通往幸福的大门！

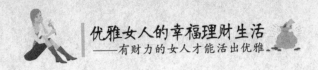
　　"哦，我已经无法忍受这种生活了！"

　　"发生了什么事情吗？又与丈夫发生矛盾了吗？"

　　"别提了，我当初为了好好照顾他，为了这个家把那么好的工作都辞了，可他还不满足……说我在家只会带孩子，不修边幅。你说，每个月只给我维持家用的基本费用，我哪有钱去逛商场买衣服打扮自己嘛！还说我思想狭隘，和我没法交流……当初我在职场身居要职的时候，也算是白领丽人，整天穿梭于精英人流中，是多么的风光呀！那时候，他对我是极其体贴的，可现在……"

　　敏敏无法再说下去了，她对自己当初辞职的事情显然已经后悔到了极点。是的，敏敏所处的境地是极其悲惨的。她本来有一份很好的工作，但是为了丈夫、孩子和家庭，她辞去了工作，到最后她的一切辛劳换来的却是丈夫尖刻的埋怨和讽刺。丈夫说她只会带孩子，不修边幅，说她思想狭隘，这一切都是因为她失去了自己的工作，没有稳定的经济收入造成的。

　　我们可以试想一下，假如敏敏在职场中身居要职，有十分稳定的收入，她的生活是什么样子？多数情况下一定是这样的：她每天将自己打扮得漂漂亮亮，穿梭于精英人流中，体味着工作带给她的快乐，回到家后也会感受到老公的温情。敏敏如果能选择这样的生活，她一定是幸福的，这种幸福感除了她自己也是其他任何人都给不了的。

　　这时，或许有人会说，上班固然能给自己带来稳定的经济收入，能让自己有成就感，但是上班也是极其辛苦的事情，我自己有个好老公，他从来都不会像敏敏的丈夫那样对我说出那样的话，说让我过得幸福是他的责任，如果我能在家照顾孩子，是对他工作的支持，在家他一样可以让我过得幸福的。

　　是呀，这样的老公说出的话好似蜜糖罐，甜不死人，也能把人美死。可我还是劝你清醒一点，这些甜的东西吃得多了有副作用，久而久之就会不利于身体健康。如果你没有了工作，你就没有了经济来源，要靠丈夫的收入来维持家里的开支与你自己的花销。当他将钱放到你手上时，你一定会觉得他像是在施舍一个乞丐一样，这时你就在他面前失去了尊严，为了维持自己的尊严你再也不好意思跟他要钱，宁愿自己省着花。久而久之，你自然就会养成一种极其拮据的生活习惯，他给的钱刚好能维持家里的开销，你拿什么去买化妆品，去买漂亮的衣服呢，你的边幅如何能修得起来呢？

再说了，安心在家照顾孩子，你的思想、你的品位、你的见识、你的胆识是否会跟孩子的成长而会有所上升呢？是的，不会。也就是说，如果你没有工作就表示你终止了个人思想上的前进，因为一个与外界脱离社会关系的女人就好似一只脱了壳的蜗牛，失去了自己的保障。

相信自己，才最有"钱途"

"金钱"让人哭、让人笑，特别是对经济弱势的女性来说，感受必定更加深刻。譬如，想做点什么却没有钱，这就是女人所面临的残酷现实。若想追逐梦想实现自我，首先就要相信自我，让自己荷包满满吧。

对于女性而言，我们可以把我们的资产简单地分为两种：一是金融资产；二是人力资产。两者之间是可以相互转换的，也就是说，在一定的条件下，人力资产是可以转换成为金融资产的，譬如一年加薪9000元，对于我们来说，并不是看得见、够不着的"水中月"、"镜中花"，在工作中多努力一点、投入一点，是完全可以实现的。通过努

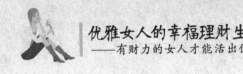
力工作来增加自己的收入是很现实的事，不管你现在从事何种工作，总能找到价值提升的空间。

从一个小医院的护士，到步入企业界成为了 IBM 中国区销售总经理，微软中国公司总经理，出任 TCL 信息产业集团公司总裁，加盟奥克斯。这一系列光辉的头衔背后是常人难以想象的高薪。

更让你惊讶的是，这位传奇人物没有任何高深的背景，甚至都没有受过正规的高等教育。她曾经在北京某医院当过护士，获得自学英语大专文凭后，通过外企服务公司进入 IBM 公司，从沏茶倒水、打扫卫生的小角色做起，凭借坚忍不拔的意志和精神，不断超越投资自己，给自己加码，终于成为了中国首屈一指的职业经理人。

它就是中国 IT 行业的"打工皇帝"吴士宏，她的《逆风飞扬》就讲述了这样一个感人的故事。这个带有传奇色彩的故事，至少可以告诉我们一个道理。每个人都有无限的潜能等待着自己去开发。在年轻的时候不断地投资自己，不断努力，超越自我，对今后的事业发展和财富积累有着多么重要的意义。

对于年轻人来说，将时间和精力花费在理财上的同时，一定要花时间和精力提高自己的竞争力。多读点书，多向前辈学习一点，多在业务上钻研一些，获得的加薪、报酬不见得比投资金融产品来得少。

一名资深的基金经理对他的客户这样说："理财是一件锦上添花的事情。做好自己的本职工作，提高自身的工作能力，是更为重要的事情。"她的话很实际，并没有像别人一样夸大理财的魔力，而是心平气和地告诉大家：投资自己更为重要。

每个人都有自己的理财个性，有的人偏爱风险大收益大的项目，有的人喜欢风险小但收益相对稳定的项目。我们该如何找到合适自己的理财方式呢？问题似乎很简单了，先找到自己的底线，对自己的财务状况做一个分析，不要盲目地跟从别人的建议，这样自己的理财能力绝对不会有任何提高。

信心是心智的催化剂，当信心与思想相结合时，就会在你的潜意识之中产生无穷的智慧。因此，作为一个现代女性，如果你想拥有财富，首先就要相信自己：相信自己能够创造财富，相信自己能够做好成功理财的操盘手，相信自己在未来能够拥有无尽的财富。如果你能够用这种积极的力量去暗示自己，不自觉地，它就会转化为你潜意识的力量，反过来，你的潜意识又会反复地给你下达各种积极的命令，最终就会转化为现实中有形的对等物质。

只有你想不到的，没有你办不到的！自信的力量是巨大的，美国"最佳女企业家"艾拉·威廉也是在自信的力量下获得财富的。

艾拉·威廉出生于一个黑人家庭，她有 11 个兄弟姐妹，父亲要承受的生活压力很大，自小的时候，艾拉就想出去帮助父亲工作，但是，父亲只允许她呆在家里帮助母亲。艾拉自小跟着她的母亲学到了两种珍贵的东西：那就是烹饪技术与自信。她的母亲就经常告诉她："只有你想不到的，没有你办不到的。"

艾拉长大后，黑人出身的她受到的歧视使她更为清醒地认识到"只有想不到的，没有办不到的"的具体意义。她的两次婚姻都以失败告终，在当时她已经是两个孩子的母亲了，但是她却一无所有，她完全依靠捡空饮料瓶与易拉罐维持自己的生计。即便是做着如此低贱的工作，她还不断地激励自己"如果我能够做这种低贱的工作，那么我相信我也一定能够做老板，因为我已经掌握了最艰难的工作技术。"

在这种精神的不断激励下，她建立了属于自己的一家专门改造和提升旧系统的公司，尽管那时候她对这行业一窍不通，没有大学文凭，也没有任何工程师的专业知识，她坚信她一定可以像系统工程师一样聪明、能干。

后来，经过三年的艰难实践，她向军队的军官们展示了她自己在那个领域中的独特创意：她为军官们掌勺并经常给他们带来一些自己公司烤制的饼干和点心。她最终获得了向军队上的决策人物进行展示的机会：在专家面前对系统的特殊细节问题做了报告并回答了问题，进行了产品演示，以她高超的烹饪技术赢得大家的认同。最后，她得到了一笔800万美元的合同，几年后，她已经拥有了足够经济实力可以用来租用更大的办公场地和雇佣更多的工作人员了……

作为一个曾经离过两次婚，带着两个孩子独立生活的黑人单身女性，艾拉在1993年的时候获得了美国"最佳女企业家"称号，成为那个时代最成功的商界女性之一，还曾经作为克林顿夫妇的客人在白宫与他们交谈，她的成功的秘诀是什么呢？那就是自信。她用自己的亲身经历证明了一件事：女人能够创造一切，自信可以创造一切！

自信能使一副平庸的面孔变得光彩照人，相反，如果女人缺乏自信，再漂亮的脸蛋也会让人觉得缺乏生气。要想成功，首先就要做一个满怀自信的女人。艾拉·威廉能够做到的，你也可以做到，只要你有足够的信心。事实上，能够成功获取金钱的女人，通常都是异常自信的，她们都坚信自己的财富目标可以实现，她们不仅仅在思想上这样认为，而且他们也会将这种自信运用到实际的行动之中，用在切实的日常创富活动之中。不管是空想的发明家，还是拓荒的企业家、浪漫的作家，凡是能够取得非凡的成就、获得巨额财富的人，都是那些确信自己一定可以得到巨大财富的人。为此，我们不可以不说信心是所有奇迹的基础，它是你获得巨额财富的重要媒介，依据这个媒介你可以利用和控制智慧所产生的巨大的力量。

作为一个都市才女，不管你现在处于怎样的状态，不管你现在从事的是什么行业，只要对自己有信心，只要相信自己是最棒的，你就一定能够获得成功，实现自己的财富目标。

巧妙分配你的工资，生活乐而无忧

如果你是个“月光族”，那么你就需要好好反思一下。不管你现在一个月挣多少，这不是你成为“月光族”的借口。如果你银行账户基本处于“零状态”，而穿的是名牌，用的也是名牌，而且经常在饭店吃饭的话，那么你根本就不懂理财。

从心理上来分析，这表现出来的是一种不成熟的心态。月光族往往都比较年轻，而且是单身。已经拥有家庭的人不会这样“不计后果”的消费。实际上道理很简单，因为他们没有太多的责任，而且眼前没有太大的风险，所以他们不会为自己的未来做打算。

我们认为，理财和你挣多少钱没有关系。从现在起你就应该开始理财。首先转变自己以往的观念，控制自己的消费，合理地分配自己的收入。这样才能改善自己的经济状况。

我们很赞赏那些从小就培养孩子理财的家长。我们身边有的朋友对自己的孩子几乎不尽人情，他们和自己的孩子达成协议，每个月的零花钱必须是自己劳动所得的。比如洗一次车就会得到20元，而拖一次地能得到5元，刷一次碗一样能得到5元。据说这样的效果还不错，孩子也习惯了在劳动之后得到自己的报酬，他知道了只有付出劳动才能得到相应的报酬。有的家长还为孩子建立了自己的银行账户，这让孩子知道储蓄到底是一个什么事情。

也许有人对这样的做法不以为然，但是我们不得不承认，在理财的教育上我们国家是远远落后于其他国家的。我们回想一下，在我们接受的教育里，有人告诉过我们如何保值我们的资产吗？有很多人竟然不知道手中人民币是会贬值的，这真是悲哀。

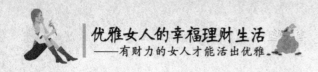

当然，缺少理财知识是一个方面，更为重要的是，很多年轻人说起理财方法来头头是道，都能说出各种理财产品。随着经济的发展和理财知识的普及，人们的理财意识开始觉醒。但是在这样的背景下，我们很多人的头脑中还是存在着各种各样的盲点和误区。

理财从现在就应当开始，不要再抱怨自己糟糕的理财状况，这只说明了你需要好好补上这一课。理财不会让你暴富，但是你可以慢慢改变自己的财务状况。资产多少永远是一个相对的概念，重要的是拥有让资产增值的能力。从现在开始理财，走上财务自由的道路。

对于现代女性而言，其薪水分配项目通常都包括以下几个方面：

1. 储蓄

这是你必须要做的，不管你当前的收入如何，你都必须先强制自己拿出一部分存入银行中，这样可以避免自己因为中途手头紧了随意动用，这一部分钱是你拿到薪水后首先付给自己的，可以解决自己的后顾之忧。

2. 口粮

从你的工资中给自己留足口粮是必须的，你得保证自己的温饱不受影响。但是，在分配这一部分开销的时候，必须要明确自己在吃饭问题上的花销究竟是多少，当然还包括你平时嘴馋要买的零食、水果等，还有平时的饮料等一并要算进去。如果你只给自己留饭钱的话，到月底你的实际支出要比预算超出很多。

3. 日常花销

这部分开销主要包括平时的交通费、水电费、燃气费、手机费、宽带费等，只要是琐碎的开支你必须要详细地计算出来，因为这部分支出相对是十分零散的，而且数额一般都较小，所以就容易忽略。这也极容易让你的开支超出你的预算，一不小心又将预留的生活费都花光了，如果不想再次超支，还是把它们算进你的支出里好。

4. 房租或房贷

如果自己有房子或者"啃老"，这项花销就自然可以节省下来了。

但是对于租房与自己供房的女性朋友而言是必须要从收入中支付了，这也是日常开销的一大项。不管你是按季度还是按年交付，你都必须要从当月的支出中预留出来，否则就必然会影响到你以后需要交租或者还贷时那个时段的理财规划，整个理财规划都要打乱或者泡汤。

5. 卡债

信用卡的推出确实方便了许多的持卡人，买东西时刷卡大部分美女都不会心疼，偶尔透支一下，也挺爽的。但是，你也别爽过了头，到了该还账的时候就该难受了，不是吗？因此，你的支出里面也应当将你所欠的卡债部分也算进去，你一定要清楚银行的钱并不好玩的，过期之后的利息可是吓死人的！当然啦，如果那些从不用信用卡的女性朋友们就可以省掉这一笔开销了！

6. 应酬所需

如果你不是十足的宅女的话，你就少不了这笔应酬开销。平时与朋友、同事在一起吃饭、唱歌、泡吧、买礼物、凑结婚份子……样样都需要钱，因此在准备这笔开销的时候，要先看看这个月有多少人要请、有几个人要过生日、有哪些人要结婚等，先将这些钱预留出来，否则难免会出现"月初花得很开心，月末四处补亏空"的情景。

7. 爱美投资

女人爱美，天经地义。商场里刚上货的新款的衣服、鞋子、化妆品、首饰、包包等，无不在诱人地向美女们招手。在这方面，女人的抵抗力是非常弱的，所以说当今中国市场经济如此发达，与女性朋友的不遗余力的大力支持是分不开的。既然抵抗不住诱惑，那么就没必要非得要在你的收入分配上去做什么"贞洁烈女"，你必须先预留出一部分来备着，否则到了忍不住要"败"的时候，你本月的理财计划难保不会因为这笔意外的开支而宣告泡汤。

8. 投资

以上的各种分配你还能有剩余的话，那么恭喜你，你完全可以自由自在、毫无顾忌地将剩的这一部分拿出来做投资了。这些钱是你财

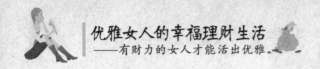

富升值的保障，最好拿来投资你自己比较熟悉和十分有信心的领域，而且这些投资所带来的收益最好不要归入你的收入之中以再进行下次的分配。因为那样的话，很有可能会打乱你所有的理财计划，让你以为自己可以有更多的现金进行支配，放松对自己的要求。这一部分收益你最好可以将它拿来继续做投资之用，这样既可以为你带来更多的收益，又不至于让你的收益影响你对自身理财的整体规划。

在理财当中，这些对日常开支的分配被称为分账管理，将不同的生活消费支出分开来管理，这样可以加强对自身收支的控制，同时又可以借助你每月收支状况表分析支出情况，调整消费习惯，从而最终实现资金的基本积累。

用以上的方式对自己的工资进行计划与分配后，许多"薪"族女性都会发现，自己单用在消费方面的支出就已经让自己入不敷出了，哪里还有剩下的钱去拿来投资呢？是呀，这是一个极大的问题，不然还是减少自己的储蓄定存额吧？千万不要这样！如果这样的话，你的财富就没有积累起来的可能了，你以后可能要面临更大的生存风险。所以呢，还是减少你的开销吧，学会过简朴的生活，杜绝不必要的日常消费，别动不动就让自己的欲望出来兴风作浪。慢慢地，你就会发现，其实过简单的生活也是一种乐趣。

"第二职业"也是一项不错的选择

在做好本职工作的同时，找一份感兴趣的而且有利于自身发展的兼职，发展本职工作外的第二职业也是一项不错的选择，但我们要事先做好规划，使本职与兼职协调发展。

下面我们可以看一看几个调查中的实例：

某外贸公司的小周，白天在外贸公司当文员，一个月能有2400元的稳定收入。依靠着精通外语的优势，每周会有两天在一家翻译公司当英文翻译的兼职，一个月可额外得到1200元的收入。此外，自己还通过网上商店，出售从大市场淘来的首饰挂件，一个月还有400多元的净收益。

而在事业单位上班的王女士，因为工作的缘故，使自己具有较好的人际资源网络。白天她在办公室照常干活，到了周末或空闲，就会到一家直销机构干起兼职直销的工作。这样她每月额外会有2000多元的收入。

上面两个例子中的人物都是从自己的特长和优势出发，通过兼职增加自己的收入，最直接的好处就是可以更好地改善自己的财务状况。目前，兼职和小额投资成为了很多职场人士的优先选择。自由的市场环境使得这样以个人为单位的经济行为变得越来越受到大家的认可。

从自己的优势出发，总会找到增加收入的办法。与其临渊羡鱼，不如退而结网。

事实上，为了维持基本的生活，你是需要一份工作的。但是，在你工作的时候，你要明白，你不是单纯地为了钱而工作，你工作的目的是为了学到永久性的工作技能，所以，你不要将你全部的时间都用在工作上，而要抽出一定的时间去关注你的公司，你未来的事业。也就是说，你在工作中要带着你的事业目标去工作，而非被金钱所累。

现在，做兼职的人很多，很多人事先没有做好充分的评估、准备和预防，结果导致本职、兼职都不保，钱没有赚到，工作也丢了。有些人却能很好地安排本职与兼职的时间、精力，使本职与兼职协调发展。因此，我们在做兼职时，要事先做好规划，使本职与兼职协调发展，为自己赢得更多的发展机会。

1. 有兼职，更得为本职工作卖力

做兼职首先要清楚，本职工作才是自己工作的重心。成功的兼职

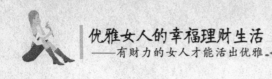
者不会因为兼职工作做得不亦乐乎而忘记了自己的本职工作，往往他们为了博得老板的好感，反而做工作会更卖力。

2. 选择兼职时，要有意识地避开与本职工作高度相关的职业

从保护原公司的利益出发，员工在选择第二职业时，需要有意识回避自己的本职工作，尤其是那些在公司里从事技术、公司战略发展研究、销售等职位的人。这些人应该明白，保护好原单位的秘密，也就是在一定程度上保护了自己的利益。只有企业发展好了，员工的各项权益才有保证。

3. 充分利用在工作中积累的资源和建立的人脉关系进行创业

女性朋友可以在工作中通过积累的资源与建立的人脉关系进行创业，这是现代女性工作的一个特点，也是她们的一个优势，学会充分利用工作中积累的资源和建立的人脉关系进行创业，可以大大地减少创业的风险，因为它相当于其原来工作的延续，进行无缝连接，创业也容易踏上成功之路。需要注意的是，不能因为自己的创业活动影响单位的工作。

4. 将兼职作为改行或选择工作的跳板

兼职意味着比平时花费更多的时间和精力，比平时承受更大的压力。因此，我们最好在兼职之前斟酌一下，为自己做个职业规划，根据这个规划来选择适合自己的兼职，利用兼职来积累专业能力与职场经验。

5. 选择合适的合伙人一起创业

有些上班族没有时间自己进行创业，但可以提供一定的资金，或者拥有一定的业务经验和业务渠道，这时候就可以寻找合作伙伴一起进行创业。与合作伙伴一起进行创业需要注意的事项是：责、权、利一定要分清楚，最好形成书面文字。我们看到无数合作创业的伙伴，在公司没有赢利之前，双方都能够和谐相处，一旦公司赚了钱，矛盾便开始出现，一发而不可收拾。

6. 做产品代理

现在翻开报纸、杂志，到处是寻找产品代理的广告。这里同样隐

藏着一座座金山。有几条原则可供参考：

（1）尽量不做大公司和成熟产品的代理

（2）选择产品，必须是真材实料的，有合法手续

（3）产品的独特性与进入门槛要高

（4）直接与生产厂家接触，不做二手代理商

工作再忙也不能放弃理财

"有时间赚钱，没时间打理"已经成为现代很多都市白领的通病。"忙人"们为数众多，他们因为"忙"而带来的财富损失尤其是机会成本也是不可小觑的。尽管"你不理财，财不理你"的理念早已深入人心，可在现实生活中，有钱无闲的理财"忙人"依然为数众多。

但，众多上班族往往放弃了对股票和基金等金融理财产品的涉猎，他们对储蓄账户有着天然的偏爱。需要提醒上班族的是，要想做个聪明的理财"忙人"，要坚持二大法则：

1. 切忌盲目追求高收益

很多"忙人"要么对投资毫无计划，本来打算用于投资的钱却临时用作他途，要么则是选准方向全额投入，一次性投资放大风险。其实对这部分人群来说，不要盲目追求高收益，"平均成本法"是最佳"良方"。采用"平均成本法"将资金进行分段投资，可以最低限度地降低投资成本，分散投资风险，从而提高整体投资回报。

2. 切忌投资过于分散

不加选择，不加规划往往是"忙"的表现。没有计划的投资，只能让自己的资金更加处于无序的状态。最终忙是忙得足够，钱也是乱得可以。

此外，对于上班族而言，当你终于下定决心开始理财时，不知你

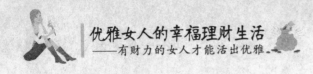

是否明白：理财并不像打牌、钓鱼那么简单，智慧和恒心也许十分重要，但结果并不总是按照常理去发展。因此，任何人在理财前都有必要强迫自己认真回答下面的问题。

1. 为什么要理财

绝大多数人都希望通过理财来达到迅速致富的目的，但事实是年平均10%的回报率对你来说已经是非常幸运了。即使这样，要想把当初10万元本金变成100万元，也需要大约25年的时间。因此，理财是一场恒心和耐力的比赛，你只有不断积累才能获得财富。

2. 你是否有足够的决策能力

理财不是多个人玩的游戏，而是你一个人的游戏。只有在家庭财务中有足够决策能力的人才适合参与到这个游戏中来，话语权虽然很重要，但毕竟只是建议而已，最后投资的决策往往只操纵在你一个人的手中。

3. 你的"财商"够吗

理财绝对需要较高的"财商"，敏锐观察和深刻分析往往能使你发现财富的踪迹。如果你认为自己在这方面还不够好的话，那么不妨去咨询那些专业的理财顾问，像银行理财师、保险业务员、证券分析家等都是你最好的帮手。在目前这个信息高速传递的时代，得到他们的帮助并不一定要花多少钱，但却是简便快捷的。

4. 你能承受多大的损失

风险往往并不像人们所预料的那样发生在某个特定的时间里，而且即使很小的风险也会造成很大损失。因此，在理财前，你首先要问问自己能够承受多大的损失。如果只有10%的亏损都会使你寝食难安的话，那么奉劝你最好做一个保守的"储蓄族"。

5. 你的理财目标实际吗

没有目标的行为叫盲动，不切实际的行为叫妄动，过高的理财目标比没有目标更加可怕。理财目标过高的人都是对自己能力过分自信的人，他们或许很善于捕捉投机的机会，但往往"聪明反被聪明误"，事情却经常发生，因为市场规律并不像"1＋1＝2"那么简单。

6. 你到底有几个"鸡蛋"

理财大师们经常向我们灌输"不要把鸡蛋放在一个篮子里"的观念。在理财前，你最好仔细计算一下自己有几个"鸡蛋"。如果你只有一两个"鸡蛋"的话，恐怕不想放到一个篮子里都不行。所以，投资本金过少是很难分散理财风险的。

7. 你准备用什么来衡量理财成功与否

除了收益以外，可能没有任何一个其他标准可以用来衡量理财是否成功。不要以为保住了本金就是成功了，你要知道资金都是有时间成本的，没有收益理财或收益比银行存款还低，理财都是失败的行为。

8. 你有自我控制的能力吗

理财的过程不仅需要决策力，更需要控制力，最终决策应该是建立在对仓促决定的控制上，一个完美的理财计划可能会被几个仓促的决定毁于一旦。因此，在理财问题上，首要的就是保持非常冷静，制定好理财计划应该经过家人和专业人士的充分讨论。

9. 你能从理财中感受到快乐吗

或许丰厚的回报会让你兴奋不已，但能否从理财中感受到快乐才是最为关键的。兴趣是你长期坚持的唯一理由，如果你感到理财是一项苦差事，那么又怎么能做到"十年如一日"呢？

10. 你会说"不"吗

理财是一种投资行为，而当你决定投资时，必然要选择合适自己投资的产品。在平常，各种各样的宣传资料会扑面而来，推销人员也格外热情。如果你想保持冷静，那么最好在作出明智决定前学会说"不"。只有这样，你的投资才是安全的。

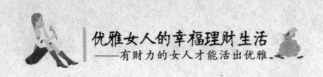

总有一款适合你：不同身份职业女性的理财方案

职场新秀理财有"谱"

职场新秀一方面有很大的上升的空间，另一方面又潜藏着诸多的不安定的因素，因此，此时的理财建议是：除非有相对雄厚的个人资财，一般不要做冒险激进的投资，在稳健中积累资金，累积经验，然后步步为营，为自己财富大厦的建立添砖加瓦。

在奉行狼道的职场生态中，初入职场的女性，因为没有经验，难免有许多的顾虑，这其中，更坚实的经济显得尤为迫切。为此，初入职场的你一方面要尽心工作以便赢得一份初入职场的稳定和同事的认可，另一方面，积极打理那些属于自己的有限收入，让自己的收入在平衡中渐至富足。

任小姐，女，23岁，单身，某私企职员，工作接近一年，月收入2500元，年终奖金6000元，单位有三险和住房公积金，每月平均支出800元，目前有定期存款储蓄2万元。初入职场的她，面对城市生活的压力倍感势单力薄，因此，计划28岁就把自己嫁出去，那样就可以两人一起创造属于她们自己的美好生活。在这之前，她希望到时能够拥有一套属于自己的房子。任小姐有较强的理财意识，也有一些银行存款，但对于如何高效理财相对陌生。

对此，我们可以看出，任小姐基本是属于工薪阶层，而且是职场新秀，有很多的不确定的因素。具体来说，首先，工作虽然渐至稳定，收入来源也有基本的保证，但年净收入大约在 26400 元，属于偏低；其次，其保险保障方面，暂无后顾之忧；另外，任小姐目前单身，年仅 23 岁，承受风险的能力相对较强。

针对任小姐的这种财务状况，我们建议其在投资之前，应做好充分准备。比如，她可以咨询甚至请教一些理财方面的专业人士，直接获得投资方面的基本知识。另外，在投资理财品种方面，建议将基金投资作为一个重点品种。可以适当介入货币基金、短期债券基金等理财投资产品的尝试性运作，因为就一般而言，其年收益率分别在 2%和 2.4%左右，收益稳定，本金较安全，适合短期投资；股票型基金收益率比较高，一般在 8%左右，但风险也相对的比较高一些，如果在考虑家庭方面没有太大负担的话，在这方面也可以做一些谨慎性的投资理财。

根据任小姐的财务状况，大体可以做这样的投资理财的综合考虑：以现有储蓄 2 万元为起点，其中 1.4 万元买入股票型基金，4000 元买入中期国债，2000 元买入短期债券型基金。该组合是一个中长期（2 年以上）的理财规划，目标年收益率预计在 8%左右。然后，将每年的收入都作如此的配比，形成一种相对稳定的长期理财习惯。

樊小姐，23 岁，单身，每月收入 3000 元，由于身体欠佳，每月支出约 2000 元，没有特定的理财目标。

根据樊小姐的情况，我们可以从一般女性所需要注意及可选择的财务策划方针出发，对其进行方案的理定。

樊小姐理财一个不可忽视的重点就是健康！从这个基点出发，我们可从健康理财的角度出发进行理财的最佳性探索。从樊小姐的实际情况出发，她首先要存放在银行一笔可以供日常生活开支及急需备用的现金，一般来说"应急钱"的储备约为其 3~6 个月的收入。有了应对健康保障的现实需要还不够。针对樊小姐的个人情况，可以在保障前提下适当投资保险，这一点，对她而言尤其重要，因为女性患上疾病的几率比男性更大。所以樊小姐在计划保险时，除一般所需的人寿保险、个人意外保险、医疗及住院保险和危疾保险以外，还需要购买为女性专设的保险。在计算保障额时，可依据下列的资料以作参考：

为使基本生活和生命保障得以妥善安排，就应配合不同人生阶段的财务需要，学会使用不同的理财或投资方法。而必须注意的是往后的层面属于层次越高、风险跟回报也越高。所以樊小姐应该先打好基础再进占更高的层次才是上策。

由于樊小姐现年 23 岁，她需要考虑的事情还很多，如进修、购买房产、结婚、生小孩子、为小孩子准备学费、退休等等。在安排财务策划时，樊小姐可运用多种理财或投资工具配合以达到财务策划的目标。简单来说，樊小姐可先从简单的方法来选择投资项目。在短线层面，银行储蓄是必须的，因其灵活性可用以配合"应急钱"的作用。除了基本的需要以外，在中及长线层面里，樊小姐可考虑尝试以每月的定期定额投资方式，运用平均成本法以达到平衡风险及赚取理想的利润。

梁小姐，28 岁，管理学硕士，参加工作不到两年，有公积金。年收入约 8 万元，月支出 3000 元左右。继承叔父遗产在市区有一套房子，并且有 50 万元的活期储蓄，打算近期购买大学城旁边 30 平方米左右的店面房。然后举行自己的婚礼。

从上面的情况我们可以看出，小梁虽然工作不久，但已具有一定的经济基础，购买商铺其实是希望通过这样一种理财投资促使活期储蓄增值。从梁小姐提供的基本情况看，商铺可作为备选的投资项目之一，项目本身是否值得理财投资，就需要结合商圈、地段、人气、消费需求、交通等因素综合考虑了。这里需要提醒小梁的是，商铺投资风险相对较大，期限又较长。在当前房地产市场整体趋势并未明朗的情况下，再想通过买卖价差产生效益并不现实。

根据梁小姐的情况，建议选择时以获取租金回报为主要目的，年回报率应考虑在5%以上，同时商铺总价不宜超过80万元，否则月供压力可能会对日常生活产生影响。综合这些因素，建议小梁的理财要顾及以下几个方面：

1. 将50万元储蓄中的45万元作为投资支出

商铺投资是一种选择，也可考虑投资黄金和股票型基金。投资黄金的主要理由是，未来十年国际商品市场大牛市的趋势已形成，特别是大宗资源性商品和贵重金属资源的稀缺性已被广泛认可；投资股票型基金的理由是，我国证券市场股改已进入攻坚阶段，市场对股市的预期已达到历史低点，但从长远看，中国证券市场一旦能够真正发挥其融资配置作用，市场预期必将出现拐点式扭转。建议选择海富通、易方达等比较稳健的基金，获得稳定的分红。

2. 活期储蓄中的剩下5万元可作为婚宴、蜜月旅行等婚庆支出储备

建议拿出5万元左右购买货币基金，每月结余可滚动投资。这样，在保证资金流动性的同时可获取高于同期存款利息的收益，且免缴利息税。

3. 适当购买保险

在保证现有生活质量的基础上，建议小梁考虑未来的保险保障。在享有社会养老金和住房公积金的基础上，可每月从收入中拿出500~1000元购买一些健康、意外等方面的险种，从容应对各种突发事件。

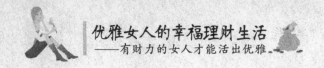

通过以上的解决方案，梁小姐的基本日常支出、投资增值和保险保障的需求都会有相应的满足，也能维持较高的生活质量。

普通女职员的理财方案

普通女职员，不是在规避风险、为家庭遮风挡雨，就是在为属于自己的房子拼搏、奋斗，而且伴随对独生子女政策的施行，更多的时候，我们都是在两线作战。面对此，业内专家表示，在现有的土地供应政策背景下，作为工薪阶层的普通职员要想圆自己的住房梦，主要还得靠自己努力提高收入水平，同时学会一些理财、投资策略，让自己的财富增值。

俗话说，越有越想挣，这话大体不假。相对于那些经理人而言，普通女职员往往投资理财的态度不是很积极，一方面因为家庭的负担，使她们挣扎在收支平衡线上，另一方面，她们对手头那些微薄的收入所能带来的有限的增值感到有些失望，谈起花钱滔滔不绝，说起储蓄理财直摇头，甚至一项调查发现，越来越多的普通女职员纷纷将自己的收入交给父母管理，充为了家庭的公共财政。

单从理财的常识来看，普通女职员是最需要理财的，这在前面我们已经有过详细的阐述了，况且，人口老龄化趋势的加重，将来一对夫妻需要独自承担赡养四个老人及养育一个子女的重大责任和义务，尤其是当一对"月光"男女走到一起，"月光家庭"随之诞生了。这时候理财就可能陷入一个力不从心的困境。

在某公司做文秘的马小姐月收入4500多元，汽车从半年前开始月供，首付是老爸出的。她不仅月月光，而且还负债累累：每月1号发工资，不到当月的 20 号，基本上就囊中羞涩了。

从这些情况来看，作为普通职员的马小姐具有典型的"月光族"特征：日常花销大、原始积累少、消费无规律，目前的车贷支出占月收入的 40%，已成为变相的"车奴"，伴随着今后家庭的住房、医疗、教育、养老等方面的开支日益增多，必须尽快理财。

首先，建议作为普通职员的马小姐目前应该近期将关注点放在继续深造、提升自我价值和投资能力上，以此提高自己的薪酬水平和投资收益，这才是提升今后生活质量的根本。

其次，建议马小姐最好做一个强制性的开支预算，在收入的范围内计划好支出。对每月中各项必须支出的项目进行预算，主要包括住房、食品、衣着、通讯、休闲娱乐等方面作一个计划，尽量压缩不必要的开支。如果马小姐也为此而苦恼，则可以使用一个简单而实用的方法——记账。

因社保的标准一般都较低，所以马小姐必须购买相应的商业保险作为必要的补充。尤其是医疗方面，要尽量做到保障充分，种类分配合理。在日渐丰盈的基础上，马小姐可以适当地购买一些投资基金。可避免作为普通投资者因缺乏专业知识和及时全面的消息而导致投资失误的风险。

霍小姐，房地产公司公关人员，刚进公司试用期工资是 1000 元，买一款手机就花了她近两月的工资，后来，随着业务的开展，逐渐有了更多的收入，又因为自己从事的是房地产业，了解房地产的发展、兴衰。在日积月累的储蓄中，抓住机会以 7.7 万元的价格，买下了一套属于自己的房子。而那时候利息开始下降，房地产开始升温，房子两年内赚了一倍多，随后，作为普通职员的她又有了新的目标。

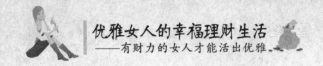

利用自己手上积攒的现金，付房屋的首期，又买一套住宅，用先前房子出租的租金，来归还新房子的贷款。正如霍小姐与大家分享的那样，很多事情尤其是理财投资，其实没时间让你前思后想的，时间就是钱，机会就是钱。随着周边环境的建设、交通的完善，房子升值空间很大，也为将来房屋的出租或转手提供了较好的条件。

白领丽人理财经

相对于普通女职员的理财来说，白领丽人更多时候缺的不是理财的资本，而是理财的意识和理财的观念。

在成为上有老下有小的职场"夹心族"之前，单身女白领要想理财，首先必须对自己的财务状况有一个清晰的认识。然后，由此量身定做一个理财计划，并一步一步地实施，这样，才能有效地让家庭财富增值。

孙女士，女，30岁，未婚，月薪3500元，另外重大节日或评为先进还有一定奖金，单位均办理了养老保险、医疗保险和住房公积金。现按揭有一套105平方的住房，尚有6万元本息没有还清，有家庭积蓄16万元，其中2万元国债，14万元定期存款。要承担双亲的养老。

孙女士平时没有多少时间接触经济方面的问题，使得她的实际理财能力与她个人的学术专长不那么成比例，相对理财能力不足。受职业关系影响，理财观念较为保守，对新的理财工具也缺乏了解，只认"有钱存银行"，影响了理财收益的提高。所以，孙女士应该转变观念，积极涉足开放式基金、债券、黄金外汇等新的理财渠道，确保个人资财的增值。

提前偿还贷款，节省每年6%的利息支出，节省的费用可以用于改善老人的体质，减少医疗支出；加大国债投资力度，获取超过银行存款的收益。将超收益部分拿出适当资金购买保险，可根据需要进行测算，即已经有多少保障，还需要多少保障，然后采取补偿的方式；建立定期定额投资账户，适当投资开放式基金、黄金等新型投资保值工具，用以积累子女教育基金和双方父母的养老基金等；为自己买一份专门为办公室工作人员定制的保险（如都市白领险、重大疾病保险）作为医疗保险的补充。

韩女士，女，26岁，销售部经理。做外贸生意，以自有资金购置住房两套，家中存款约30万元左右，贷款购置门市1套（贷款30万元，还款期限为10年，目前已经还贷7年），有汽车1辆。每月总开销为7000元左右。目前准备投资一个环保项目，由于项目的投入资金可能很大，计划采用自有资金和贷款的方式进行投入。

韩女士是生意人，投资意识非常强，也喜欢冒风险。像她这样，尽管目前家庭收入不菲，但是，如果投资出现了故障，整个家庭就会陷入经济危机。因此，在考虑投资同时，还要考虑家庭的保险。

韩女士要为自己建立意外伤害保险、医疗保险，为父母建立养老保险，每年的保险支出大约为1万元，以增强家庭抵御风险的能力；在门市贷款方面，因为有租金作为还款来源，因此没有提前还贷的必要，以免占压资金影响商业周转。即使短期租金偶尔中断的情况下，韩女士的收入也足以支撑一段时间；至于投资环保项目，应该说是十分可取的（项目受政策扶持，市场前景也十分广阔），现在关键的问题是要考虑所投资项目的收益率能达到多少，是否要高于银行的贷款利率，其投资年限是否合理等。

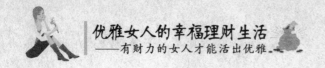

张女士，26 岁，一家网络公司主管，单位包吃住，固定月薪为 5000 元，加公司业绩提成大概每月在 2.5 万元左右，购买了基本的社保，没有其他的商业保险。银行定期存款有 16 万元，活期存款 2 万元。每月为自己添置衣物及其他开支 2000 元左右。准备为父母购买养老保险；2007－2008 年准备购置 40 万元左右的住房及 10 多万元的小车；2007 年购买其他类的保险；希望有些稳定又能增值的投资，增加收入。

张女士作为 80 后的新鲜白领拥有太多令人羡慕的地方了：高额的收入、丰厚的存款，还有很重要的一点是年轻而且没负担。更可贵的是，张女士对支出方面把握得很好，每月支出不超过其收入的十分之一，整个财务状况非常稳健。从张女士的计划目标看，张女士颇具理财意识，对自己的未来已经规划得比较有条理了。下面就针对张女士的个人财务情况和理财目标做些较为具体的分析和介绍。

为父母购买养老保险：张女士对父母的养老问题非常重视，而为父母购买养老保险无疑也是一个合适的决定。尽管不知道张女士父母的年纪、收入水平和保障情况，无法给出一个确切的答案，这里建议张女士用需求法来算算应该买多少养老保险才足够。也就是说先确定父母退休后需要多少钱，已有的保障是多少，还缺多少。缺口用养老保险填补，那么经过测算就可以大概知道需要多少养老保险了。

2008 年准备购置 40 万元左右的住房及 10 多万元的小车：按照张女士的收入状况，这两个目标都可以实现。建议张女士以按揭的形式来买房，首期两成约 8 万元，剩余部分按揭 30 年，年利率按 5.814% 计算，则每月只需要支出 1880 多元。购买汽车需要考虑更多的是养车的成本，汽油、养护、车位等日常费用，这会增加支出。不过按照张女士目前的收入状况，买车问题并不大，也建议张女士以贷款的形式买车，按贷款一半 5 万元，3 年期，年利率 6.3% 计算，每月约支出 1528 元。据此测算，张女士每月的贷款支出在 3408 元左右，加上日常支出 2000 元/月，则每月支出约在 5400 元左右，这对月入 2 万元以上的张女士来说压力并不大，而买房、买车的首期一次性支出为 13 万，这完全可以用现有的存款来满足。同时，在资金充裕的情况下张女士可以考虑提前还款，减少利息支出。

为自己购买保险是张女士的又一个明智的决定，对于年轻的张女士来说，意外、医疗是首要考虑的保障需求。我们建议张女士考虑纯正的意外、医疗保险，而万能险暂时不要考虑太多。而对于保险的保额和保费的确定可以参考"双十原则"，也就是说以年收入的十分之一购买保额为年收入 10 倍的保险。

对于其希望有些稳定又能增值的投资以增加收入，张女士的年龄和收入状况完全可以支持她进行积极的投资策略，但考虑到张女士的投资偏好、投资经验和工作时间等因素，我们建议张女士以投资基金为主。基金的选择可以考虑积极型和混合型基金，我们建议积极型基金占 6 成，混合型基金占 4 成，操作方法以定期定额投入为主。

SOHO 一族理财规划

现代女性更多的生活在自我主宰的圈子，拿她们流行的话说是"我的生活，我做主"。奉行的是一桌、一椅、一电脑的家庭办公模式。那么，崇尚自由的她们如何在生活中秉承做才女，更要做好财女的理念，从消费、投资、保障等方面经营自我，以健康的理财方法去实现自由而又美好生活的梦想呢？下面就针对那些 SOHO 一族的理财规划做一些方案性的介绍。

尹女士，女，26 岁，单身贵族，自由撰稿人，健康状况良好。月

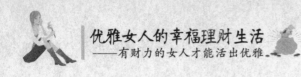

均收入 5000 元，月开支 2000 元，节余约 3000 元，常接受一些企业的文化宣传策划，以此项收入拥有活期存款 4 万元，无负债和保险，除去迫切需要买一套属于自己的房子外，较为满足于目前的有序生活，房款初步打算以按揭的方式进行，首付 10 万元。就个人的理财投资偏好来看，注重稳健运作，另预计每年安排旅游两次，计划花费控制在 1 万元以内。

从尹女士的个人情况来看，她是一个崇尚独立的知识女性，目前月度收支节余为 3000 元，年度收支节余约为 3.5 万元。另外，本身有活期存款 4 万元，因此资金变现应急的能力很强，但资金相对地处于闲置状态；从保障状况来看，目前尹女士需要增加商业性的保险作为主要的保障。

总体看来，伊女士的财务状况比较简单，生活压力相对较低，没有长期贷款需要偿还，也没有养育孩子的压力，所以生活得比较自在，有着很强的风险承受能力。但严格看来，其财务开支不尽合理。为了更好地实现其生活梦想，建议她对自己的财务状况做如下安排：

1. 预留应急专项资金

应急专项资金作为个人的现金流通畅的缓冲池，对于自由的单身理财女来说，显得尤为重要。应急专项资金一般为月支出的 3－6 倍即可，以应付自我重新选择时候的财务收支失衡和生病等不时之需。根据尹女士的具体情况，选择 4 倍即可，也就是 $2000 \times 4 = 8000$ 元，这笔专项资金以少量现金、银行活期存款和货币市场基金的形式组合即可。

2. 风险规避方案

风险规避方案主要通过保险的方式实现。尹女士没有社会保险，应该介入商业保险，以覆盖其可能遇到的各种风险。考虑到她的具体需求和市场情况，目前选择纯保障型保险组合即可，如定期寿险、重大疾病险、意外伤害（身故/残疾）险、意外住院险、意外门/急诊险的组合，以充分涵盖因人身意外而造成的各种损失。目前每年缴纳1000元的保费，基本可得到相关保障30万元。

在此基础上考虑尹女士的理财目标才是理性和负责的。除去应急准备金和保费支出，尹女士的个人资产节余为 40000 −（8000 + 1000）= 31000 元。

从资料中可以看出，尹女士为实现旅游、购房目标需要准备的资金额度为11万元。假设尹女士目前的收入支出状况不变，到年底其收入节余会增加至11万左右。那么，收支就基本持平。考虑到尹女士的风险偏好习惯为稳健型，以及资金变现的时间要求，建议尹女士主要投资配置型基金以及少量股票型基金。业内专家研究预计，未来2年开放式基金的表现可以有效支持尹女士的理财目标。

3. 稳中求进方案

尽管 SOHO 一族的尹女士个人投资理财偏好稳健型，根据其时间宽裕、相对来说，信息畅通等特点，仍然建议其可做一些适当的风险性投资，选择一些政策良好的投资理财热点作为切入点，多会有不错的回报：

（1）炒金：正在步入黄金时期

自从"黄金宝"业务开展以来，炒金一直是个人理财市场的热点，备受投资者们的关注和青睐。特别是近两年，国际黄金价格持续上涨。据业内人士称，随着国内黄金投资领域的逐步开放，未来黄金需求的增长潜力是巨大的。国内黄金饰品的标价方式将逐渐由价费合一改为价费分离，相关税费也有望降低和取消，这些都将大大地推动黄金投资量的提升，炒金业务也必将成为个人理财领域的一大亮点，真正步入投资理财的黄金时期。

（2）基金：备受青睐前景看好

据调查，许多投资者们依然十分看好基金的收益稳定、风险较小等优势和特点，希望能够通过基金投资以获得理想的收益。基金一直备受

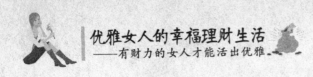
个人投资者的推崇，去年基金已经明显超过存款，成为投资理财众多看点中的重中之重。据有关资料，今年国内基金净值已在 2000 亿元以上。

（3）国债：投资选择空间越来越大

目前国债市场投放品种众多，广大投资者有很多的选择。对国债发行方式也进行了新的尝试和改革，进一步提高了国债发行的市场化水平，以尽量减少非市场化因素的干扰。另外，国债的二级市场也将成为明年的发展重点。由此可见，国债的这一系列创新之举，必将为投资者们带来更多的投资选择和更大的获利空间。

（4）储蓄：老歌能否唱出新调

一项调查表明，大多数居民目前仍然将储蓄作为理财的首选。有专家分析，今年，一方面因为外资流入中国势头仍较旺盛，我国基础货币供应量增加；另一方面政府为了适度控制物价指数和通货膨胀率的上升，采取提升利率手段，再加上利率的浮动区间进一步扩大。利率的上升，必将刺激储蓄额的增加，储蓄这一传统理财方式有望在明年能成为新的理财热点。

（5）债券：火爆局面有望重现

近年来，债券市场的火爆令人始料不及。种种迹象表明，今年企业债券发行有提速的可能，企业可转换债券、浮息债券、银行次级债券等都将可能成为人们很好的投资品种。再加上银监会将次级定期债务计入附属资本，以增补商业银行的资本构成，使银行发债呼之欲出，将为债券市场的再度火爆，起到推波助澜的作用。

（6）外汇：投资获利机会大增

近年来美元汇率的持续下降，使越来越多的人们通过个人外汇买卖，获得了不菲的收益，也使汇市一度异常火爆。各种外汇理财品种也相继推出，如商业银行的汇市通、中国银行和农业银行的外汇宝、建设银行的速汇通等，供投资者选择。今后，我国政府将会继续坚持人民币稳定的原则，采取人民币与外汇挂钩以及加大企业的外汇自主权等措施，以促进汇市的健康发展。因此，有关专家分析，今后在汇市上投资获利的空间将会更大，机会也会更多。

（7）保险：收益类险种将成投资热点

与近年来不愠不火的保险市场相比，收益类险种一经推出，便备受人们追捧。收益类险种一般品种较多，它不仅具备保险最基本的保障功能，而且能够给投资者带来不菲的收益，可谓保障与投资双赢。因此，购买收益类险种有望成为个人的一个新的投资理财热点。

高端女经理人的理财规划

"小财小打理，大财大理法"，作为社会的标杆之一，高端经理人如何打理那些在百姓看来是"巨额"的财富呢？

霍女士，35岁，来北京10年有余，在一外企公司任董事，年收入110万元，每月无储蓄，银行无存款。身体健康，无任何保险。在北京三环有200平米住房1套，总价280万元，现月供2.5万元，另有一处价值70万元的40平米老式单元房1套，暂时空置；1辆旧车，现价值15万元；1辆新车，买入价格100万元，月供15000元，养车及其他相关费用每月5000元。

工作之余，霍女士承接了一服装专卖场，投资25万元，目前亏损，预计6个月内不会有好转。目前在卖场所有员工租住，每月支付1万元。欲另购新房，作为卖场的配套使用。

霍女士无其他投资项目，从未进行过证券投资。那么，如何使个人经济状况达到最合理？

理财规划组合以年为单元，建议：日常生活开支12万元；旅游消费2.5万元；紧急备用金5万元，以15万元作为常数；房贷按揭支出30万元；旧车使用费10万元；新车贷款本息支出18万元；房租支出12万元；意外保障、购买国寿人身意外伤害综合保险2800元；国债或人民币理财产品投资6.5万元；空置旧房出租收入6万元；店铺投资。维持现状，继续观察。

霍女士有新房和新车的债务，那么就得为其履行义务，并且为重新购房筹措资金。按理说，霍女士年收入110万元，处于相当理想的状态，应该过着舒坦的日子，不过，刚性支出包括新房贷款本息支出、旧车使用费用支出、新车贷款本息支出、房租支出等就占了好几十万元。至于霍女士想在北京另购新房，也只能待付清现有房贷本息，自有资金筹措到至少50万元以后再行购买。届时，理财规划应作相应调整。至于风险投资，与理财目标相悖，在目前阶段还是作保守型投资的好。鉴于霍女士的年龄、健康状况和目前的经济状况，医疗保险和养老保险宜在2008～2010年这个时间段切入。这是因为，一方面，重大疾病保险和养老保险产品在这个年龄段购买并不贵，另一方面，这个时间段内，霍女士的资金也充足一些了。

1. 日常生活开支

根据霍女士的收入水平，每月消费四五千元实属正常。霍女士为了事业，很大程度上，让爱情的幸福来得更晚了一些，男朋友是要考虑交的。在现代社会，爱情不单需要情感的投入和奉献，有时还需要经济基础来支撑。霍女士在交友时应开诚布公地告知对方自己目前的状况以及承担的经济义务，有了这样的心理准备，这个阶段内月开支1万元不能算少了。

2. 旅游消费

霍女士在外企公司做董事，分公司分布各洲各国，满世界转的几率很大，对旅游可能难以提起兴趣。但面对新的生活，总要创造一些温馨浪漫的氛围吧。当然，在目前的经济条件下，对出境游还是有条件考虑的，甚至没有丝毫问题。

3. 紧急备用金

俗话说计划不如变化快，在经济生活中，银行一分钱不存、家底空空总不是件好事，霍女士万一再遇到紧急情况发生时就更会雪上加霜，而且现今霍女士还得应对有可能出现的房贷、车贷利率上调，以及交友、结婚、生子等情况也亟待解决，以15万元作为常数应对贷款，即使处于升息周期也可以应对自如了。

4. 房贷按揭支出

每年30万元属于刚性支出。

5. 旧车使用费支出

旧车的维修护理成本肯定要高过新车。霍女士应该控制旧车只在城里转转，不跑长途，不仅有利于安全，费用也能节省不少。

6. 新车贷款本息支出

支出就具有刚性，必须如期到位。

7. 房租支出

在目前情况下，霍女士可在工作地继续租个两室一厅的小户型住房，与家人共同生活。

8 意外保障

霍女士做销售主管，外出几率高，必要的风险防范和转嫁准备还得做。每年花2800元，即可获得100万元的意外伤害保障和10万元的人身意外伤害医疗保障。花点小钱，图个平安还是值的。

9. 国债或人民币理财产品投资

从目前情况看，霍女士最为紧迫的是解决住房和换新车两个问题，以缓解那些对富足的生活的干扰因素。要按部就班如期实现这两个计划，风险投资可以适当介入，但建议谨慎而为。因为风险投资在某个时点上既有可能赚个钵满罐盈，也有可能亏个惨不忍睹。显然，这样的投资不适应于像霍女士这样目标性很强的计划。因此，霍女士

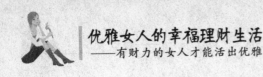

的余钱只能在保本有息的前提下，选择收益率相对高的投资工具。在目前国内的投资市场上，首推国债和人民币理财产品；而鉴于目前处于低利率期和加息周期，国债和人民币理财产品相比较，人民币理财产品又要优于国债。这是因为：第一，人民币理财产品可供选择的投资期限更多，便于在央行再次加息时灵活跟进；第二，不少商业银行推出的人民币理财产品，其收益率并不比同期同档的国债收益低。若选择人民币理财产品进行投资，则应选择3个月、6个月，最长为1年期的短期产品，以获得银行再次加息带来的好处。当然，霍女士为了少跑银行，省点事儿也可以选择国债投资。

10. 空置旧房出租

人在有钱的时候，可能把每月区区的5000元钱不当回事。但从理财的角度看，这就是一种资源的浪费。眼下，霍女士债务相对还比较沉重，刚性支出压力较大，倒不如乘此机会将空置的旧房出租。一年房租收入6万元，但目前来看，6万元占据了可自由支配收入的1/5。因此，空置旧房的出租非常必要。

11. 店铺投资

霍女士年初开的服装专卖店目前处于亏损状态，并且预计未来的半年不会好转。对此，霍女士应对此项投资重新进行考察分析和评估。评估的内容包括：服装店的服装在现代家庭消费中是否时尚和流行，商品的价格、品位是否能够吸引消费者的眼球；消费群体都是哪些人，店铺附近是否聚集着消费群体；客户对这种商品的消费多是持续性还是断续的等等。经营服装店铺于目前的霍女士而言，关键是考察这种经营的发展前景。如果通过考察发现这种经营和投资具有市场，目前的亏损是由于客户资源的积聚和店铺品牌的打造需要一个逐步积累的过程，那它是一个先苦后甜的事业，霍女士就应坚持下去，甚至不惜追加一些投资；但如果说这种经营和投资没有市场，前景暗淡，那么霍女士就应当机立断，以将投资的损失和风险控制到最小限度。

选对方向，让钱生钱
——学会理财，打造高超财女

※ 储蓄：严守金库，做个会存钱的女人

※ 股票：鏖战股市，攻下首座财富宝塔

※ 债券：投资债券，让你稳赚不赔

※ 基金：间接投资的最佳选择

※ 保险：未雨绸缪，给人生系上安全带

※ 外汇：让钱生出更多钱

※ 房产：小康家庭资本运作的最佳选择

※ 黄金：投资黄金，巧用金子稳赚钱

※ 收藏：细心挖掘收藏中的金矿

储蓄：严守金库，做个会存钱的女人

储蓄是最稳妥的理财方法

众所周知，理财就是"积蓄与增值"的结合体。本杰明·富兰克林曾经说过："致富之道由勤奋、简朴这两个词构成。"这真是至理名言，理财就是从勤奋与简朴出发。

储蓄资金，是理财的第一大关，也是一个难关。如果能顺利通过这道关卡，就可以正式进入投资的行列。资金的威力强大，好比"规模经济"，个头越大，胜算越大。

理财首先要学会储蓄，这是十分必要的，因为储蓄就是一个由无到有，积少成多，慢慢将零碎的资本集成一笔可观并能助你达到目标的资本。但是，理财决不仅仅是等于呆板地让你去储蓄，像守财奴一样地守护着自己的钱财。如果什么都不做，有钱就储存起来，就理财的角度去看，是一种极其愚昧的行为。理财是要善于运用钱财，如果一味盲目储蓄，反而使自己的资产受到通货膨胀的无情侵蚀。

储蓄理财时，女性比男性更具优势。不管是一百万还是一千万，女性在储蓄资金时又快又顺利。这与女性特有的沉稳、细心一脉相通，就算要节约开销，也各有巧妙的方法。只要不是碰到太急迫的情况，女性大概都不会半途而废。女性偏向不会蚀本的银行储蓄性商品，这在资金储蓄阶段来说，算是很大的优点。最重要的是，不要冒失行动，

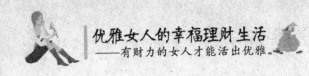

安全第一主义也是守住资金的一大秘诀。

对于众多的女性朋友而言，说到储蓄，好像压力很大，其实储蓄就是养成良好的生活、消费习惯，把握几个原则就好，"量入为出"、避免"寅吃卯粮"，简单说就是，不要每个月一进账就花光，甚至透支。

26岁的孙女士，性格开朗，衣着时髦，发型时尚，隔三差五就换不同款式的名牌包包。每次踏入办公室，同事们便会传来惊呼和赞叹，"这个包包很贵哦"、"这件衣服真好看"……这些赞美总是让孙女士非常兴奋。

只是在人前光鲜的孙女士，每到月中账户里就会空空如也。每当月底收到信用卡账单时，望着越积越多的欠款数字，心里更会闪过一丝紧张："怎么办？"每当碰到这种情况，孙女士都会选择暂时性忘却，然后告诉自己："反正欠款也不是一时还得清的，而且每个月都还撑的过去，以后慢慢还就是了。"

生活中，我们必须要改变的观念是，既知每日生活与金钱脱不了关系，就应该正视其实际的价值，理财应从"第一笔收入、第一份薪金"开始，即使第一笔收入或薪水中扣除个人固定开支外所剩无几，也不要低估微薄小钱的聚财能力，1000万有1000万的投资方法，1000元有1000元的理财方式。

同时，日常生活的费用，需随存随取，可选择活期储蓄。对长期不动的存款，根据用途合理确定存期是理财的关键，因为，存期如果选择过长，万一有急需，办理提前支取会造成利息损失；如果过短，则利率低，难以达到保值、增值目的。对于一时难以确定用款日期的存款，可以选择通知存款，该储种存入时不需约定存期，支取时提前一天或七天通知银行，称为一天和七天通知存款，其利率远高于活期存款。

利率相对较高的时候是存款的好时机；利率低的时候，则应多选择凭证式国债或中、短期存款的投资方式。对于记性不好，或去银行不方便的客户，还可以选择银行的预约转存业务，这样就不用记着什么时候该去银行，存款会按照约定自动转存。

夫妻双方对理财的认识和掌握的知识不同，会精打细算、擅长理财的一方，应作为和银行打交道的"内当家"。同时，如今许多银行开设了个人理财服务项目，你还可以把钱交给银行的理财中心，让银行为你代理理财。

在很多人的心目中，储蓄一直是最稳健的理财方式，也谈不上风险的概念。然而，与其他的投资方式一样，储蓄同样存在风险，只是这里的风险有一点不同。

具体操作上，对于女性朋友而言，可以参考以下方案：

1. 建立家庭开支账本

精打细算的人在自己心里总有"一本账"，每月的收入进账之后，就应该精打细算，安排出合理必要的开支项目。可以列出一张家庭收支表，所列的项目因人而异，可多可少。总的原则是花钱要有计划，用钱有记录。这样长年累月的通过记账，可以从中发现哪些开支合理、哪些不合理，不断地进行调整，使家庭的每一笔钱都用在"点"上。

2. 少用活期存款储蓄

日常生活费用，需随存随取的，可选择活期储蓄，活期储蓄犹如你的钱包，可应付日常生活零星开支，适应性强，但利息很低。所以应尽量减少活期存款。由于活期存款利率低，所以当活期账户结余了较为大笔的存款，应及时转为定期存款。

3. 定期储蓄选长期，获利相对较高

50元起存，存期分为三个月、半年、一年、两年、三年和五年6个档次。本金一次存入，银行发给存单，凭存单支取利息。在开户或

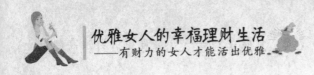

到期之前可向银行申请办理自动转存或约定转存业务。存单未到期提前支取的，按活期存款计息。

定期存款适用于生活节余的较长时间不需动用的款项。在高利率时期，存期要就"中"，即将五年期的存款分解为一年期和两年期，然后滚动轮番存储，如此则可以利生利，而收益效果最好。在如今的低利率时期，存期要就"长"，能存五年的就不要分段存取，因为低利率情况下的储蓄收益特征是"存期越长、利率越高、收益越多"。

4. 选择阶梯存储法

女性储蓄理财，要讲究搭配，如果把钱存成一笔存单，一旦利率上调，就会丧失获取高利息的机会，如果把存单存成一年期，利息又太少。为弥补这些做法的不足，不妨试试"阶梯储蓄法"，此种方法流动性强，又可获取高息。

例如，假定你手中持有 5 万元，你可将其分为五份，分别存入 1－5 年期。一年后，你就可以用到期的 1 万元，再去开设 1 个五年期存单。以后每年如此，五年后手中所持有的存单全部为五年期，只是每个 1 万元存单的到期年限不同，依次相差 1 年。这种储蓄方法使等量保持平衡，既可以跟上利率调整，又能获取五年期存款的高利息，也是一种中长期投资。

此外，还要注意巧用自动转存（约定转存）、部分提前支取（只限一次）、存单质押贷款等理财手段，避免利息损失或亲自跑银行转存的麻烦。

5. 尝试"利滚利"

所谓"利滚利"存储法又称"驴滚"存储法，即是存本取息储蓄和零存整取储蓄有机结合的一种储蓄方法。此种储蓄方法，只要长期坚持，便会带来丰厚的回报。假如你现在有 5 万元，你可以先考虑把它存成存本取息储蓄，在一个月后，取出存本取息储蓄的第一个月的利息，再用这第一个月的利息开设一个零存整取储蓄户，以后每月把

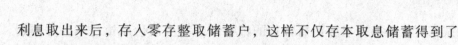

利息取出来后，存入零存整取储蓄户，这样不仅存本取息储蓄得到了利息，而且其利息在参加零存整取储蓄后又获得了利息。

6. 选择银行发行的保本理财产品

一般情况下，保本型理财产品会比定期存款利率高出 0.9 - 2 个点。然而，天下没有免费的午餐，相对高的回报也伴随着相对高的风险。虽说是保本型，它对本金的保证也是有期限的，即在一定期限内对投资者的本金提供保证。若是提前赎回，在市场不尽如人意的情况下，则有损失本金的可能。而且，保本型理财产品的保本也只是对本金而言，并不保证盈利，也不保证最低收益，对本金的承诺保本比例也可以低于本金，如只保证本金的 95%。

精明打理银行卡，帮你来攒钱

作为都市人，很多人的钱包里都会装着好几张银行卡：有发工资的，有还住房按揭的，有缴水电费、煤气费的，还有在特约商户打折的专用银行卡……一开始，拿这么多卡觉得很时尚，很潇洒，丝毫不考虑这小小的银行卡也能帮助我们理财。巧妙地利用银行卡来理财，将使你的财富越来越多。

目前，银行卡的综合服务功能越来越完善，客户只需到银行开办"一卡通"业务，一张银行卡即可囊括取款、缴费、转账、消费等所有功能。另外，持有不同银行的银行卡容易造成个人资金分散，需要对账、换卡和挂失时，更是要奔波于不同的银行间，浪费了大量的时间。因此，手中银行卡较多的女性朋友要尽量将多张卡的功能进行整合。对于不同银行的银行卡，应根据自己的使用体会，综合比较，选择一家用卡环境好、服务优良、收费低廉的金融机构。如果你经常出

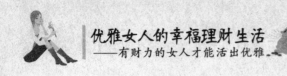

差，可以选择一家股份制银行的银行卡，不少股份制银行不收开卡费和年费，有的银行异地取款还免收手续费；但如果经常去小城市出差，还是用四大银行的卡比较好一些，因为这些银行的网点比较多，取款更为方便。

对于不常用的银行卡，如果是挂在存折账下，可到银行办理脱卡手续；如果自己手中的卡是已经不用的"睡眠卡"，则应及时到银行销户。

在目前小额账户和银行卡要收费的情况下，适当清理手中的银行卡是很有必要的。一些朋友持有多张银行卡是因用途不一样，比如ATM支取工资、扣缴住房贷款、代缴水电费要分别使用不同的银行卡；有的人因考虑取款方便等原因还办有牡丹卡、金穗卡、长城卡等分属不同银行的银行卡，这样从表面上看是给自己带来了方便，但实际上不利于个人资金的管理。

不少人不知道刷卡购物后商家要按照交易金额的比率向银行或银联组织支付交易费用；卡里的活期存款也会给银行带来不菲的利润。各银行和银联组织经常会推出用卡消费积分奖励等促销举措，女性朋友们应尽量刷卡买单，这样可多赢得刷卡消费积分。为了鼓励刷卡，不少银行规定刷卡多少次就可以免去下年年费。可以钻银行制度的空子，购物买单时可以多刷几次卡。有的银行还规定，刷卡几次以上不但能免年费，还可以按照年费的160%返还给客户现金奖励。所以，刷卡消费不但能省钱还能赚钱。

让银行卡为你管家。家庭中缴水电费、煤气费等这些琐事让大家很头疼。现在银行都开通了银行卡"管家"功能，可以授权银行自动从卡中扣收水电、煤气、电话、手机等费用，甚至可以自动定期定额向老人以及外地的学生账户划转赡养费和学费。这就省下了自己不少的时间，在时间就是金钱的时代，节省时间就等于赚钱。

同时，我们还可以让银行卡为我们"解忧"。有的时候，我们会出现身边没钱的状况。这时，我们就可以办理一张具备授信功能的贷记卡，以解燃眉之急。有固定职业和收入的人都可以向银行提出办理贷记卡的申请，银行会根据办卡人的综合情况核定信用额度，在此信用额度内，持卡人可以先划卡消费，然后在规定的到期还款日前偿还透支款，便可以按还款金额恢复相应的信用额度，持卡人可继续重新使用新额度。贷记卡的最大特点是可以享受免息还款，持卡人在信用额度内透支消费，从信用消费日至银行规定的到期还款日为免息还款期，持卡人可以享受最短 25 天、最长 56 天的免透支利息待遇。到期还款日前偿还全部透支款的，无需支付透支利息。

银行卡作为一种电子货币，已经渗入了人们生活的方方面面。除了以上几种银行卡的基本功能以外，银行卡还具有电子汇款、拨打长途电话、购买福利彩票以及个人自助贷款等各种各样的功能。有的银行卡还为开车的人带来了方便，咪表泊车自动刷卡、高速公路开车过站免停车自动收取路桥通行费、在特约加油站享受油价优惠、保险理赔、卫星定位、自驾车旅游等多种优惠服务，真是"一卡在手，开车无忧"。

巧用网银实现财富管理

目前，存款利率上调，各种变化不断的投资渠道扩展，引发了新一轮的炒股热和转存热，大量倒腾账户的市民涌向银行。同时，银行也不断推出各类金融产品，业务大量增加，这些都给银行柜面服务带来很大压力，使得银行排队长龙的情况愈演愈烈。在这种压力下，银行业务从柜面银行向网上银行转移成为大家所期待实现的发展方向。那么如何采用网银才能既方便又安全地实现金融 SOHU，哪家银行的

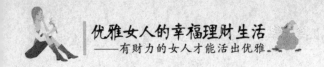

网银更加便利？

许多外企工作的小白领都有将自己的任何生活开支记录在一张报表或者是一个专业的小账本的习惯。她们将自己的支出/收入报表，大到房屋，小到卫生纸牙刷，各项支出一览无余。一方面可以在任何时候了解到自己某样东西或某项支出的支付时间，另一方面这种做法也的确可以帮助自己慢慢形成良好的理财习惯，避免不必要的开销。

其实，如果您更习惯于通过电子支付方式来完成各项支付，比如手机费、水电费、房贷等等，那么这项工作将变得更加简单易行，而且可以实现整个家庭的财富管理重任。除了支出以外，各项投资理财情况也都清晰显现。

相对于柜台办理业务而言，使用网上银行最大的好处在于个人可将自己在银行开立的借记卡、活期一本通、定期一本通、活期存折、存单、凭证式国债等授权给家人（家庭关联组组员），供其通过网上银行查询账户余额、活期账户交易明细、收支表、资产负债表或资产表等财务信息。

获得其他家庭成员授权后，个人还可查看整个家庭的合并收支表和合并资产负债表，从而实现对未成年子女零用钱账户的有效监控及家庭财务的集约化管理。此外，个人还可根据资金管理需要和家人（家庭关联组组员）建立资金汇划关系以实现家庭成员之间资金的灵活调度和集中管理。

除了日常的财富管理，利用网上银行还可以让您轻松参与更多领域的投资，并且可以节省更多的投资成本，为财富保值增值。假如您是个上班族，肯定不可能在上班时间去银行排队买国债、买基金。但周末休息了，这些回报更高的理财产品也就停止销售了。利用网上银行则可以轻松解决这一问题，只要利用手边的电脑轻点鼠标，炒汇、炒股、国债、基金都可以尽在掌握。

另外，在股市行情出现震荡或者有大宗支出尚未做出决策前，经常会有流动资金较多的储户抱怨没法在定期存款和活期存款之间取得平衡。明明知道定期存款的利率高，可是为了应付不时之需，总要在手头保留一部分活期存款，数额还不小。这笔钱可能好几个月甚至几年又没有用，白白损失了利息收入，可要是存为定期，也不能保证临时的需要，还是要提前支取。银行相关负责人告诉记者，其实这种情况完全可以通过网上通知存款来解除烦恼。一般而言，银行的网上通知存款可以为客户提供 7×24 小时全天候服务，只要您在柜台申请并开通了网上银行业务，就可以自助办理通知存款账户的开立、设立或取消提款通知、通知存款提前转出等业务。既享受了便利的资金流动性，同时也享受相对较高的存款利息。

对于普通的网银用户来说，安全性是大家最为关注的问题。一般来说，如果您只办理普通的查询、转账、汇款、缴费等金融业务需求，使用网上银行的地点也相对固定，那么直接在银行柜台开办普通的网银服务就可以轻松满足您的需要。

目前工行、中行等银行都为用户提供动态密码服务。只要在柜台办好手续，就可以在登录的时候，选择"动态密码用户登录"。在第一个页面输入用户名和固定密码后，就可以通过手机获得一个密码，输入到第二个页面，这样才能进入网上银行页面进行操作，还可以很好地解决密码设置和记忆的问题。现在有太多的地方需要设置密码了，比如邮箱、各种卡等等，如果都设成一样的，怕被人破解一个后全部都破解了。但设置成不同的，又很难记得住，因此动态密码可以解决这个难题。

另外，针对一些不同用户的特殊需求，许多银行业设置了比较特别的网上银行设置。比如工商银行，在开户的时候设置了一个文字信息，如果打开页面后看到的文字信息和自己当初设置的有出入，就有可能网上银行被入侵，就需要立即处理。又比如农商行，针对许多用户由于错误登录了虚假银行网站而被窃取了银行账号、密码等现象，

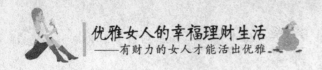

农商行将本行网站与网上银行证书进行了连接处理，只要用户插入了网上银行证书，该行网站就会从页面自动弹出。

当然，如果您对网银业务的依赖程度比较高，希望能够获得更多的安全保障，也可以选择 USB key 验证和指纹验证的方式为网银业务加上一道"安全锁"。这可以帮您跨越空间的限制，在任何地方的电脑上享受可靠安全的网上银行服务。但 USB key 和指纹验证由于需要购买附加证书，因此成本较高，一般 USB key 最低也需要 58 元，享受指纹验证的成本则在 200 元左右。

那么，有哪些具体的业务必须由您亲临银行柜台办理呢？

（1）开户：由于我国银行业施行实名制，因此开户必须持本人身份证到银行柜台办理。

（2）挂失补卡：一旦银行卡丢失，需要持身份证到开户银行办理挂失，如果身份证一并丢失的话，带着户口本到开户银行办理挂失。一般挂失后一周还需到银行申领补卡。

（3）大额存取现金：目前部分银行的 ATM 机单日取款上限已经调整为 2 万元，但如果您想从账户中直接一笔取走 2 万以上现金，则需要到银行柜台领取，取款 5 万元以上需要携带身份证。

（4）贷款：贷款业务一般比较复杂，并需要申请人提供各类证件，因此一般需要贷款人亲自到银行办理。

（5）网银及电子支付的申请开通：在使用网上银行和电话银行等电子银行业务以前，需要先到相应的银行签署协议，方可开通这项业务。

（6）外币存取款、转账：由于我国对外币账户有严格的管制，目前的自助机具和网上银行均不能够实现外币业务的取现、转账，必须要亲自去银行柜台办理。

（7）未到期定期转存或取现：如果您账户中的定期存款尚未到期，但又需要提前支取，抑或是您为了享受加息后的高利率回报，那么对于银行来说视同您对合同的单方修改，因此需要亲自签名确认方可完成。

信用卡透支技巧

信用卡的最大好处就是可以透支，尤其对于年轻人来说，由于在个人财务问题上经常会遇到青黄不接的状态，所以信用卡的透支无异于救命稻草，利用信用卡周转资金渡过难关已经成为了不少人常用的手段。在信用金融时代，信用就是一笔无形的资产，若是拥有良好的信用，就具备了跟银行打交道的底气，不管是房贷、车贷等都更加轻松方便，而用好透支功能，借此提升信用记录，就是用好信用卡的重点之一。

1. 选准信用卡，用足免息期

目前主流的银行卡主要有两种：借记卡和信用卡，借记卡并不能透支，但是存入钱的话取现方便，并且有利息，也与信用记录基本无关；但是信用卡可以透支，只要合理算好消费时间，基本可以享受长达50天左右的免息期，不过千万不要往里面存钱，不仅无息，取现的话还会被收费。选择合适的信用卡，然后掌握免息期技巧，这是用好透支功能的重要前提。

2. 争取提升信用额度

既然是透支的话，信用额度自然是越高越好，谁都愿意自己信用卡可以获得更高可以动用的透支额度，遇到紧急情况或者大额消费支出时就不会有太多的问题，平时不足额消费也没有问题，但更能有效规避超限风险。在申请信用卡的时候就要提供尽可能详细的资产证明，然后用卡过程中要好好利用提额技巧，这样信用额度才会逐步提

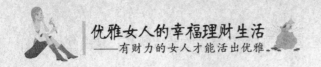

升上去，在信用额度的问题上一定要主动申请，这点很重要。

3. 合理使用最低还款额，活用循环额度

对于透支后的信用卡来说，通常有个最低还款额，一般只需要还透支消费总额度的 10% 左右即可，这样的话可以重新从银行获得循环透支额度。不过最低还款模式一定要谨慎使用，因为使用这种方式的话，就意味着用卡成本大大提升，因为透支的额度可能会被收取高额的利息和滞纳金。这种方式只可用来救急，偶尔为之，千万不可常用。

4. 养成良好透支习惯，算好透支成本

透支消费最怕的就是一本糊涂账，那样的话不仅搞不清楚钱到底用到哪里去了，而且很容易让透支额度超出自己的承受范围。因此在透支消费的时候，一定要将对应的消费账目清楚地记录下来，然后及时进行总结，千万要控制在自己能够承受的范围之内，这样才不会陷入"卡奴"困境。信用卡透支也是有成本的，透支额度的利息、滞纳金、超限费等众多收费项目，一定要算清成本，不要糊里糊涂为透支支付高昂的经济成本。

信用金融时代，没有信用记录的话，跟金融机构打交道将会比较困难，而使用信用卡将会是有效的累积个人信用记录的好方式。只不过面对着透支的诱惑，一定要注意透支技巧，算好透支成本，在合理利用信用卡透支的同时，不陷入各种用卡陷阱。

你应当知晓的储蓄风险

把钱存入银行应该是最安全的，在很多人的心目中储蓄一直是最为稳健的理财方式。但理财专家认为安全不等于就没有风险，无论我们如何处理自己的金钱，要么挖一个洞埋在家中，要么用来炒期货、炒金或做其他投资方式，这些都有一个共同问题——风险。对于储蓄风险而言，多是指不能获得预期的储蓄利息收入，或由于通货膨胀而引起的储蓄本金的损失。大抵以下几方面的问题需要引起我们的注意：

1. 经济循环风险

经济形势是变化的，经济有景气的时候，也有衰退的时候。在经济景气之际，物业、股票、期货、贵金属更应该高度重视。在经济不景气的时候，手握现金和债券则更为有利。也就是说，经济景气或衰退，都会有些投资升值，有些投资贬值。这些因素对储蓄的影响尤大。

2. 存款提前支取

根据目前的储蓄条例规定，存款若提前支取，利息只能按支取日挂牌的活期存款利率支付。这样，存款人若提前支取未到期的定期存款，就会损失一笔利息收入。存款额愈大，离到期日近，提前支取存款所导致的利息损失也就愈大。

3. 存款种类选错导致存款利息减少

储户在选择存款种类时应根据自己的具体情况作出正确的抉择。如选择不当，也会引起不必要的损失。例如有许多储户为图方便，将大量资金存入活期存款账户或信用卡账户，尤其是目前许多企业都委托银行代发工资，银行接受委托后会定期将工资从委托企业的存款账户转入该企业员工的信用卡账户，持卡人随用随取，既可以提现金，又可以持卡购物，非常方便。但活期存款和信用卡账户的存款都是按活期存款利率计息，利率很低。而很多储户把钱存在活期存折或信用卡里，一存就是几个月、半年，甚至更长时间，个中利息损失可见一斑。过去有许多储户喜欢存定活两便储蓄，认为其既有活期储蓄随时可取的便利，又可享受定期储蓄的较高利息。但根据现行规定，定活两便储蓄利率按同档次的整存整取定期储蓄存款利率打六折，所以从多获利息角度考虑，宜尽量选整存整取定期储蓄。

存款本金的损失，主要是在通货膨胀严重的情况下，如存款利率

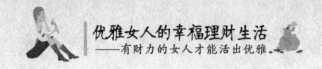
低于通货膨胀率，即会出现负利率，存款的实际收益≤0，此时若无保值贴补，存款的本金就会发生损失。

由此可见，其实储蓄也是存在风险的。人们之所以缺乏存款的风险意识，这与我国金融市场的长期稳定和繁荣密不可分，在现实生活中，人们遇到的存款风险是极为少见的。但是现在，为了保障你的收益和财产安全，你有必要做好储蓄风险的防范。这里所说的储蓄风险，是指不能获得预期的储蓄利息收入，或由于通货膨胀而引起的储蓄本金的贬值的可能性。

一般说来，如不考虑通货膨胀因素，储蓄存款的本金是不会发生损失的。即使在通货膨胀率较高的情况下，只要国家实行保值补贴，存保值储蓄（三年以上），存款本金贬值损失就能得到补偿。但是，因通胀而发生本金损失的风险仍然存在。

在取消保值储蓄以后，国家为维护储户的利益，会通过各种调控方式，将存款利率维持在大于等于物价上涨率的水平上。但是物价上涨率是国家统计局根据全国物价变动的平均水平计算的，而各地物价上涨的幅度，可能会低于或高于国家公布的平均物价上涨率。如果某储户到期取款时，他所在地区的物价上涨率高于同期的存款利息率，在无保值贴补的情况下，其存款本金也会因存款的实际收益率（实际利率）为负数而发生损失。

股票：鏖战股市，攻下首座财富宝塔

女股民是股市半边天

如果说，天地是人生的一大舞台，那么股市就是人生的一个小天地。这里也上演人生的悲喜剧。如果说女性是社会的半边天，那么女股民就是股市的"半边天"。

尽管股市变幻莫测，股市的风险极大，但股市也不失为一个投资的好场所。一个懂得投资理财的女人不应放过股市这个可以一展所长的投资场所。但股票投资市场的风险让很多女性望而却步。

如今股票市场日趋规范，但是在规范过程中不时会暴露出一些"地雷"，如果盲目炒股，弄不好就会被地雷"炸伤"，甚至"炸死"。

孙女士非常痴迷炒股，但多年的股海拼搏，她既不懂技术指标，也不看公司业绩，而是整天跟着各种"利空"、"利好"消息去搏杀。一次，她又听说某只股票长庄入驻，估计有较大的上涨空间，于是便把手上所有的资金全部投入，甚至从朋友处借了1万元，全部投在这只股票上。但市场变化莫测，这只股票的行情急转直下，连续11个跌停，面对巨量的卖盘她根本无法止损，一下就变得血本无归，甚至还背负了巨额的债务。

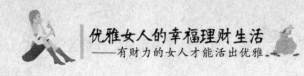
从事股票投资就是要买进一定品种、一定数量的股票，但是面对交易市场上令人眼花缭乱的众多股票，到底买哪种或哪几种好呢？这涉及的问题很多，其实股票投资，关键就是解决买什么股票、如何买的问题。这里我们先提出几条基本性的原则：

1. 要选择各类股票中具有代表性的热门股

什么叫热门股？这不好一概而论，一般讲在一定时期内表现活跃、被广大股民瞩目、交易额都比较大的股票常被视作热门股。因其交易活跃，故买卖容易，尤其在做短线时获利机会较大，抛售变现能力也较强。

2. 选择业绩好、股息高的股票

其特点是具有较强的稳定性，无论股市发生暴涨或暴跌，都不大容易受影响，这种股票尤其是对于做中长线者最为适宜。

3. 选择知名度高的公司股票

对于不了解其底细的名气不大的公司股票，应持慎重态度。无论做短线、中线、长线，都是如此。

4. 选择稳定成长的公司股票

这类公司经营状况好，利润稳步上升，而不是忽高忽低，所以这种公司的股票安全系数较高，发展前景看好，尤其适于做长线者投入。

在当前的市场环境中怎样精选个股？一些市场上的散户高手理出以下几条基本原则，令一些来不及对股市有足够深入理解的新股民也能照猫画虎，作为投资时的参考：

1. 要有机构投资者看好，从公开信息中可以看到流通股大股东中有 QFII、基金、保险或社保基金进驻的；

2. 是行业龙头或垄断行业的，这是近年来机构投资者选股的基本条件之一；

3. 现金流、公积金充足的，显示企业基本财务状况较好；

4. 市盈率较低，最好是在 10 倍左右，表明未来还有一定的涨升空间；

　　5. "含权"能高分配的；

　　6. 了解背景，不受宏观调控影响的；

　　7. 有业绩发展、有良好扩张预期的。

　　针对上述条件要综合考虑，符合的条件越多越好，将选好的个股，把它放入"自选股"先进行跟踪考察一段时间，用长线指标进行观察，最后才能确定是否"下单"。这要求股民在做好功课的基础上来精选个股。不能道听途说，不能轻信股评；一定要冷静观察、仔细分析、看准趋势、把握方向，自己选股。

股票如何挣钱

　　在股市上，太多投资人注目的一线绩优股，其实会令人感到负担沉重。对业余投资人来说，也得不到多少机会。冒险投入，最后都落得一场空。

　　股票市场是一个迷人的地方，它造就了无数的财富神话。它可以让你大赚一把，也可以让你赔得血本无归。当人们在为变化莫测的价格曲线着迷的时候，股票散发着的魅力正在吸引越来越多人加入其中。

　　人们购买股票的目的就是增值获取收益，购买股票的收益可以分为以下几个方面：

　　1. 分红派息

　　发行股票的公司每隔半年或一年，根据本公司的经营情况从利润中拿出一部分，按股份比例分给股东。如果公司经营情况不错，那么每股的分红可以在一元左右，而如果公司经营情况一般，可能每股只有几分。在前一种情况下投资所分得的红利可能比银行利息高出了很

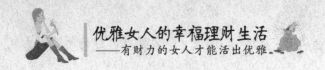
多，这也是股票吸引众人的原因。

2. 送股

例如一个公司的送股方案是10送10，就是每10股送10股，如果投资者原来持有1000股该公司的股票，送股以后该投资者持有的股份增加了，说明了公司将它的利润用在了扩大再生产上，持股者拥有的公司资产增加了。这样一个公司的股票发行数越来越多，股份越来越大，说明这个公司发展快，有更多的人愿意持有它的股票，它的股票行情也会越来越被大家所看好。

3. 配股

配股是上市公司根据公司发展的需要，依据有关规定和相应程序，旨在向原股东进一步发行新股、筹集资金的行为。在沪深市场交易中，送红股、红利可不经过委托直接被划到投资者股东账户上，但配股需要交费，所以如果未做委托，那么就以投资者"放弃"处理，不能自动给投资者配售。

沪深股市的上市公司进行利润分配一般只采用股票红利和现金红利两种，就是通常我们听到的送红股和派现金。当上市公司向股东分派股息时，就要对股票进行除息；当上市公司向股东送股东红股时，就要对股票进行除权。

当一家上市公司宣布上年度有利润可供分配并准备予以实施时，则该只股票就称为含权股，因为持有该只股票就享有分红派息的权利。

在以前的股票有纸交易中，为了证明对上市公司享有分红权，股东们要在公司宣布的股权登记日予以登记，且只有在此日记录在公司股东名册上的股票持有者，才有资格领取到上市公司分派的股息红利。实现股票的无纸化交易后，股权等级都通过计算机交易系统自动进行，股民不必到上市公司或登记公司进行专门的登记，只要在登记日的收市时还拥有股票，股东就自动享有分红的权利。

进行股权登记后，股票就要除权除息，也就是将股票中还有的分红权利予以解除，除权除息都在股权登记日的收盘后进行，除权之后再购买股票的股东将不再享有分红派息的权利。

在股票的除权除息日，证券交易所都要计算出股票的除权除息价，以作为股民在除权除息日开盘的参考。因为在收盘前拥有股票是含权的，而收盘后的次日，其交易的股票将不再参加利润分配，所以除权除息价实际上是将股权登记日的收盘价予以变换。

4. 资本利得

也许有很多人在购买了股票没有多久就卖掉了，期间没有分红和送股，但是你的购买价是每股 3 元，而卖出价是每股 10 元，这个买卖差价我们叫做资本利得，是投资人购买股票的一项重要收入。

掌握股票买卖的方法

炒股的规则只有两个字：买和卖。所以，炒股看起来很简单，其实取胜的概率并不高，是一项不太好赚钱的投资活动。炒股者为了保证自己的投资没有错，会尽量问更多的人，不让投资出现问题，结果你会发现问的人越多自己越糊涂。询问 100 个人会有 100 个不同的观点和答案。所以，无论你问多少人，最后反而把自己搞晕了。

炒股需掌握一个重要操作原则，那就是"涨时重势，跌时重质"。通货膨胀对于股市是很有好处的，一方面是适度的通货膨胀可以刺激上市公司的业绩提升，另一方面也是市场上资金增加的一个佐证。资金的供应充足，是股市牛市的最大基础。所以说，在通货膨胀开始显现的时候，投资者也应该增加自己的股票投资。

事实的确如此，股票也有致命弱点，就是缺乏投资安全性。投资股票常伴随着风险，变动性也很大，最糟的情况是，接连几天跌停板，

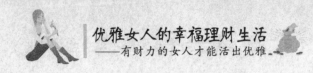
股票就成了一堆废纸。而且，股票不像银行，有一定的获利率，只能根据个人买卖结果来决定获利高低。不小心错过了买卖的好时机就有可能成为定时炸弹。

一个值得投资的股票一定具备三个特征：好的企业、好的管理层和好的价格。一个成熟的投资者必须要有足够的耐心等待理想的价格，宁可错失，不可冒进，在资本市场里活下来永远是第一位的，要像珍惜生命一样珍惜自己的本金。

对于股民而言，进行股票交易是不能直接进入证券交易所买卖股票的，而只能通过证券交易所的会员买卖股票，而所谓证交所的会员就是通常的证券经营机构，即券商。你可以向券商下达买进或卖出股票的指令，这被称为委托。委托时必须凭交易密码或证券账户。这里需要指出的是，在我国证券交易中的合法委托是当日有效的委托。这是指股民向证券商下达的委托指令必须指明买进或卖出股票的名称（或代码）、数量、价格。并且这一委托只在下达委托的当日有效。委托的内容包括你要买卖股票的简称（代码），数量及买进或卖出股票的价格。股票的简称通常为四至三个汉字，股票的代码上海为六位数，深圳为四位数，委托买卖时股票的代码和简称一定要一致。同时，买卖股票的数量也有一定的规定：即委托买入股票的数量必须是 100 的整倍数，但委托卖出股票的数量则可以不是 100 的整倍。

委托的方式有四种：

1. 柜台递单委托

就是你带上自己的身份证和账户卡，到你开设资金账户的证券营业部柜台填写买进或卖出股票的委托书，然后由柜台的工作人员审核后执行。

2. 电脑自动委托

就是你在证券营业部大厅里的电脑上亲自输入买进或卖出股票的代码、数量和价格，由电脑来执行你的委托指令。

3. 电话自动委托

就是用电话拨通你开设资金账户的证券营业部柜台的电话自动委托系统，用电话上的数字和符号键输入你想买进或卖出股票的代码、数量和价格从而完成委托。

4. 远程终端委托

就是你通过与证券柜台电脑系统联网的远程终端或互联网下达买进或卖出指令。

除了柜台递单委托方式是由柜台的工作人员确认你的身份外，其余3种委托方式则是通过你的交易密码来确认你的身份，所以一定要好好保管你的交易密码，以免泄露，给你带来不必要的损失。当确认你的身份后，便将委托传送到交易所电脑交易的撮合主机。交易所的撮合主机对接收到的委托进行合法性的检测，然后按竞价规则，确定成交价，自动撮合成交，并立刻将结果传送给证券商，这样你就能知道你的委托是否已经成交。不能成交的委托按"价格优先，时间优先"的原则排队，等候与其后来的委托成交。当天不能成交的委托自动失效，第二天用以上的方式重新委托。

网上炒股必备的安全措施

如果想要在网上炒股，自己先要选择一家证券公司，如国泰君安，南方证券等，现在入市保证金很低，2000元左右就可以了。拥有自己的股东代码后，你就可以在证券公司开办网上炒股业务了。你可以根据具体证券公司的软件进行下载，比如君安证券用的是大智慧，你只需到公司提供给你的网址上下载软件安装后就可以开始网上炒股了。

在网上炒股之前，公司会给你一个操作手册，其中会告诉你怎样

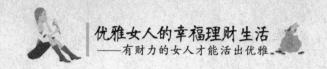

看盘子，看消息，分析行情等，非常多也非常详细，你要自己钻研。当然如果自己感觉看不太懂，你可以每天关注各个地方电视台的股评，他们也会告诉你一些分析的方法。同时购买证券报或杂志，关注最新动向，早点入门。

虽然网上炒股以其方便、快捷等优势赢得了越来越多的投资者的青睐，但作为在线交易的一种理财方式，其安全问题一直受到人们的关注。有些投资者由于自身风险防范意识相对较弱，有时因使用或操作不当等原因会使股票买卖出现失误，甚至发生被人盗卖股票的现象。因此，掌握一些必要注意事项，对于确保网上炒股的安全性是非常重要的。

1. 正确设置交易密码

如果证券交易密码泄露，他人在得知资金账号的情况下，就可以轻松登录你的账户，你的个人资金和股票就没有安全可言了。所以对网上炒股者来说，必须高度重视网上交易密码的设置和保管，密码忌用吉祥数、出生年月、电话号码等易猜数字，并应定期修改、更换。

2. 谨慎操作

网上炒股开通协议中，证券公司要求客户在输入交易信息时必须准确无误，否则造成损失，证券商概不负责。因此，在输入网上买入或卖出信息时，一定要仔细核对股票代码、价位的元角分以及买入（卖出）选项后，方可点击确认。

3. 及时查询、确认买卖指令

由于网络运行的不稳定性等因素，有时电脑界面显示网上委托已成功，但证券商服务器却未接到其委托指令；有时电脑显示委托未成功，但当投资者再次发出指令时，证券商却已收到两次委托，造成了股票的重复买卖。所以，每项委托操作完毕后，应立即利用网上交易的查询选项，对发出的交易指令进行查询，以确认委托是否被证券商受理或是否已成交。

4. 莫忘退出交易系统

交易系统使用完毕后如不及时退出，有时可能会因为家人或同事的错误操作，造成交易指令的误发；如果是在网吧等公共场所登录交易系统，使用完毕后更是要立即退出，以免造成股票和账户资金损失。

5. 同时开通电话委托

网上交易时，遇到系统繁忙或网络通讯故障，常常会影响正常登录，进而贻误买入或卖出的最佳时机。电话委托作为网上证券交易的补充，可以在网上交易暂不能使用时，解你的燃眉之急。

6. 不过分依赖系统数据

许多股民习惯用交易系统的查询选项来查看股票买入成本、股票市值等信息，由于交易系统的数据统计方式不同，个股如果遇有配股、转增或送股，交易系统记录的成本价就会出现偏差。因此，在判断股票的盈亏时应以个人记录或交割单的实际信息为准。

7. 关注网上炒股的优惠举措

网上炒股业务减少了证券商的工作量，扩大了网络服务商的客户规模，所以证券商和网络公司有时会组织各种优惠活动，包括赠送上网小时、减免宽带网开户费、佣金优惠等措施。因此大家要关注这些信息，并以此作为选择证券商和网络服务商的条件之一，不选贵的，只选实惠的。

8. 注意做好防黑防毒

目前网上黑客猖獗，病毒泛滥，如果电脑和网络缺少必要的防黑、防毒系统，一旦被攻击，轻者会造成机器瘫痪和数据丢失，重者会造成股票交易密码等个人资料的泄露。因此，安装必要的防黑防毒软件是确保网上炒股安全的重要手段。

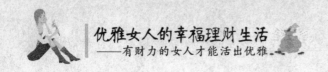
妥善控制股市风险

现代社会中充斥着种种冒险游戏。特别是在经济领域，投资意味着风险，特别是炒股票，风险就更大。经济原理告诉我们：风险越大，收益的绝对值越大。特别是对于一个前人尚未涉足的市场领域，作为开拓者就更要冒风险。

现实中，很多人买股票，其中有不少人把它当成是暴富的工具。可是实际的情况是，很多人在一夜之间输掉了一半的成本。即使你每天都在研究股市中那些"黑马"、"内幕"，情况不会有任何的改变，他们还是赔的一塌糊涂。

有很多人会长年投资股票，可是到头来赚钱的只是很少的一部分，比例不会超过10%。也许你在这一轮牛市中翻了好几番，但是别太相信你自己的运气。股票不是一种娱乐，赌博的心态只会让你一错再错。

"股市有风险，入市须慎重。"对于股票投资者来讲，风险控制永远比获取利润更为重要。而对于某些投资者来讲，却没有任何风险控制的意识，尤其是很多新股民（包括不少老股民），大都是抱着"到股市里面捡钱"的想法而入市的，对投资股票的风险几乎没有任何认识。他们永远关心的只是"该股能涨多少"，却从来不关心"该股会跌多少"。可见，这种没有任何风险控制的投资，往往最终使得自己损失惨重。

这里不再啰嗦什么市场风险（又称系统风险）、非市场风险（又称非系统风险）之类的话。只是简单说一句，"收益有多高，风险就有多大"绝对是投资中的至理名言。希望大家能够引起重视，在真正投资之前，认清风险，正视风险树立风险意识，做好规避股票交易风险的准备工作。

2007年5月30日，狂跌的股市给那些充满着期待的股民们上了一堂精彩的风险课。由于政策的变动，证券交易印花税税率由0.1%上调至0.3%，这使得沪深股指一泻千里。在这种背景下，那些心中毫无风险意识的股民在还没有来得及分享牛市的成长，就惨遭了狠狠的一记闷棍，只能默默地流着泪自己承受。

可见，作为投资者，股民必须要对股票的投资有一定的风险控制策略，也只有这样才可能避免股市的残酷和无情。对于个体投资者而言，成功的风险控制主要分为以下几点：

1. 掌握必要的证券专业知识

股民要了解起码的股票常识。必须熟读五本以上与股票相关的书籍，熟悉股票投资的相关用语。别人觉得不错的书籍，大可买回仔细阅读，不知不觉间功力就会大增，书中的内容也能很快融会贯通了。

2. 坚守停损卖出

停损卖出是让损失降到最小，获利放到最大的几个秘笈之一。就算失败了九次，只要有一次成功，就能获得大胜。要做到这一点，必须坚守停损卖出才可能达到。即使是那些炒股高手，在设定了停损点，停损卖出时也绝不踌躇。但是投资股票赔的人比赚的人多多了，这都是没有坚守停损卖出原则的结果。

3. 树立自己的原则

股票投资没有正确的答案，只要适合自己就行了，这就是原则。不同的人、不同的倾向、不同的环境，会造成不同的投资要件。一个固定的原则反而成了无用之物，因此才会需要个人独有的原则与买卖技巧。譬如，家庭主妇和上班族的未婚女性，投资原则就完全不同，

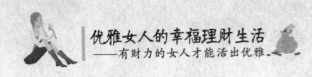
就更不用说所谓的炒股高手了。树立个人独特的原则，是股市投资的重要课题。

4. 认清投资环境，把握投资时机

关心国家宏观经济形势和有关证券市场的法令、法规、政策，它们对股市有很重要的影响。

（1）宏观环境

股市与经济环境、政治环境息息相关。

当经济衰退时，股市萎缩，股价下跌；反之，当经济复苏时，股市繁荣，股价上涨。

政治环境亦是如此。当政治安定、社会进步、外交顺畅、人心踏实时，股市繁荣，股价上涨；反之，当人心慌乱时，股市萧条，股价下跌。

（2）微观环境

假设宏观环境非常乐观，股市进入牛市行情，那是否意味着随便建仓就可以赚钱了呢？也不尽然。尽管牛市中确实可能会出现鸡犬升天的局面，但是牛市也有波动。如果你入场时机把握不好，为利益引诱盲目进入建仓，却不知正好赶上了一波涨势的尾部，那么牛市你也会亏钱，甚至亏损得十分严重。

所以，在研究宏观环境的同时，还要仔细研究市场的微观环境。

5. 心理上要有一定的认识

要看到伴随着高收益的高风险，不少股民在股市上都是赔钱的，因此要做好"利益自享、风险自担"的心理准备。在挫折面前，不怨天尤人，不灰心丧气，否则就会影响你的判断力，做出错误的决定；而如果你能保持冷静、理解地研究行情、分析技术指标，你将能避免不必要的损失，并由此获得比较丰厚的收益。

6. 确定合适的投资方式

股票投资采用何种方式因人而异。一般而言，不以赚取差价为主要目的，而是想获得公司股利的多采用长线交易方式。平日有工作，没有太多时间关注股票市场，但有相当的积蓄及投资经验，多适合采用中线交易方式。空闲时间较多，有丰富的股票交易经验，反应灵活，采用长中短线交易均可。如果喜欢刺激、经验丰富、时间充裕、反应快，则可以进行日内交易。理论上，短线交易利润最高，中线交易次之，长期交易再次。

7. 只有持股才能赚大钱

"长线是金，短线是银"。这句话是股市中流行了多年的经典。有人说想在股票市场赚大钱，必需学会持有股票的本领。不管你是否有水平研究指数，是否有水平选择股票，真正能使你赚到钱的真功夫就是如何持股。如何持股的道理可不像研究指数、推荐股票那样，几句话就说的明白的，它需要长期的投资经验积累，心理素质的不断提高，使用控制风险的有效方法。

这一点真正道出了股市投资的真谛，股市投资只有持股才能赚大钱，想靠调整市中的抢反弹来增加利润和弥补亏损，本身就已经掉进了主力的陷阱。

8. 企业价值决定股票长期价格

这句话可以理解为价值投资理论的简单概括。价值投资理论告诉我们，投资股票既需要保持研究股票，又要保持一颗平常心。投资者自己必须要有一套对股票价格高低的判断标准，即使使用的是一些简单的判断标准也没关系。重要的是你一定要有，你对市场的价格高低的看法。

如果你没有自己的标准去评估一只股票的价格高低，这样会使你失去判断而跟随着别人，一般那些以价值投资的机构更容易成功，才更容易实现利润。证券市场越成熟，这点越明显。供给与需求创造价格短期波动，企业内在价值决定长期波动方向。

9. 不要轻易预测市场

专家说过："判断股价到达什么水准，比预测多久才会到达某种水准容易。不管如何精研预测技巧，准确预测短期走势的几率很难超过60%。"这就是说如果你每次都去尝试，错了就止损退出市场，不仅会损失你的金钱，更会不断损害你的信心。

从基本面入手寻找一些有长期价格潜力的股票，结合一些技术方法适当控制风险尽量长期持有股票，而对于长期的市场走势给予一个轮廓式的评估。这样的投资方式更为科学。

道氏早就定义了市场中日间杂波的不可预测性，只有趋势可以把握。但人类自作聪明，侥幸心理，贪婪恐惧的弱点，无时无刻不在支使那些意志不坚的人们不断反复重复的犯错。比如现在市场上总有些人，每天都可以把市场第二天、甚至一星期中每一天的走势都给你提前描绘出来，不要去迷信他们，迟早会因此而失败的。

10. 股市的下跌如一月份的暴风雪是正常现象

彼得林奇的《战胜华尔街》指出："其实股市的下跌如一月份的暴风雪是正常现象，如果有所准备，它就不会伤害你。每次下跌都是大好机会，你可以挑选被风暴吓走的投资者放弃的廉价股票。"这句话很形象的说明了股票市场的周期性，人们在春、夏、秋、冬的轮回中不知不觉，而对股票市场的涨跌却经常感到惊讶，其实股票市场的涨跌起伏是多么的正常，只是我们的市场有时春天太短，冬天太长。

新入市的新股民来到股市只有先想到风险，才能活的长久。股票有涨有跌，涨多了会跌，跌多了会涨，这是股市的本质。不要害怕下跌，这是再正常不过的事情了。

11. 远离市场，远离人群

《乌合之众》一书讲："人群中积聚的是愚，不是天生的智慧。"炒股的心态与你与人群的距离成反比，不要推荐股票、少去谈论股票，与市场的人群保持距离，与每日的价格波动也要尽量远点，不要让行情机会搅混你本已清澈的交易理念。正如书中所说的"孤独是一种特殊的力量，如果你体会到了孤独感并且是快乐的，那么恭喜你，你的心灵是强大的。"

　　在股市这个嘈杂的市场里，是最应该自守孤独的地方。知止而后能定，定而后能静，静而后能安，安而后能虑，虑而后能得。由于股市投资不同于其他传统行业，注定了多数人的结局必为亏损，所以，如果你想不同于他人而获得成功，就必须远离失败者，因为他们会影响你的情绪和判断力。

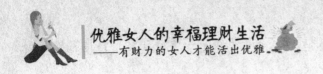

债券：投资债券，让你稳赚不赔

债券理财，比储蓄赚，比股票稳

债券是一种有价证券，是社会各类经济主体为筹集资金而向债券投资者出具的并且承诺按一定利率支付利息和到期偿还的债权债务凭证。

实际上，女性投资人应该打破债券很困难的观念，债券是安全商品的代表选手，与女性的特征最为相符。只不过女性对债券感到陌生罢了，了解债券之后，就会发现其实并不那么难。虽然获利可能没那么高，但近年来也出现不少高获利的债券，譬如股票相关公司债就被视为高获利的商品，当然这是有点夸张的说法。

低利率时代的到来，对债券投资人来说，反而是个好消息。银行利率是决定债券价格最大的变量，利率低的话，债券价格就会涨；相反，利率高的话，债券价格就会下跌。因此，低利率就代表债券价格的上升。

近几年来，债券市场取得了长足的发展，债券品种也从原来的国债、政策性金融债、企业债和可转债扩展到次级债、普通商业银行金融债、外币债券和企业短期融资券，并且境外机构发行的人民币债券（熊猫债券）也将于近期"出炉"。面对种类繁多的债券品种，投资者不免眼花缭乱。那么，究竟哪些品种投资者可以参与呢？

实际上，不同债券流通场所决定了个人投资者介入债市的途径。我国债券市场分为交易所市场、银行间市场和银行柜台市场。交易所市场通过交易指令集中竞价进行交易，银行间市场通过一对一询价进行交易，银行柜台市场则通过挂牌价格一对多进行交易。

交易所市场属场内市场，机构和个人投资者都可以广泛参与，而银行间市场和柜台市场都属债券的场外市场。银行间市场的交易者都是机构投资者，银行柜台市场的交易者则主要是中小投资者，其中大量的是个人投资者。

目前在交易所债市流通的是记账式国债、企业债和可转债，在这个市场里，个人投资者只要在证券公司的营业部开设债券账户，就可以像买股票一样的来购买债券，并且还可以实现债券的差价交易。而柜台债券市场目前只提供凭证式国债一种债券品种，并且这种品种不具有流动性，仅面向个人投资者发售，更多地发挥储蓄功能，投资者只能持有到期，获取票面利息收入；不过有的银行会为投资者提供凭证式国债的质押贷款，提供了一定的流动性。

个人投资者要想参与更广泛的债券投资，就只好到银行间市场寻宝了。除了国债和金融债外，今年债市创新的所有品种都在银行间债券市场流通，包括次级债，企业短期融资券，商业银行普通金融债和外币债券等。这些品种普遍具有较高的收益，但个人投资者尚没法直接投资。

但这并不意味着个人投资者无法参与到银行间市场债券市场。个人投资者可以通过储蓄存款、购买保险、委托理财等渠道，把资金集中到机构投资者手里，间接进入银行间市场。

近年来，基金管理公司发展迅速，除了非银行金融机构设立的基金管理公司外，商业银行设立的基金管理公司也已经起航。基金被认为是个人投资者进入银行间债券市场的一种更为规范的做法，基金和理财业务在本质上是相同的，但也存在一定的区别。目前，商业银行

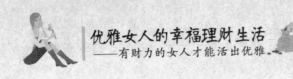
开展的理财业务，通常是以自有资金先在银行间债券市场购入一定数量的债券，然后按其总量，向个人投资者进行分销。理财资金与商业银行资金在银行间债券市场上的运作并没有明确的区分。基金则不同，其资金与银行资金没有任何关系；并且投资者借基金投资于债市所取得的收益完全取决于该基金管理公司的运作水平。

债券包括企业债券与国债。企业债券和国债不同的主要是信用风险。企业债券就是企业发行，按道理来讲，它的风险应该比国债要大，因为国债是国家发行，国家信用无论怎么讲都比企业要好，但是在我们国家，发行企业债券，大多数都是国有特大型企业，甚至有的是以前国家机关转制而来的一些企业，这些企业本身的性质非常好，到现在为止，在上交所挂牌或深交所挂牌的企业还没有出现类似风险，所以现在来讲，国债和企业债券是一样的。但这里一定要提醒大家的是，如果你一直拿到期的话，企业债券很可能要比国债风险大，正是因为这点，企业债券收益率一般比国债收益率要高一点。

目前企业债券交易好像并不是非常活跃，从统计上来看，还是小投资者比较多，这也是交易不够活跃的一个原因，但是从最近发行的债券来看，机构投资者已越来越多。我国企业债券现在不够活跃主要有这几个原因：首先，我国企业债券发行的规模本身就不大，不像国债一般是100亿、200亿，而企业债券一般就是10亿左右的规模；另外与它的投资者机构有关，一般的个人投资者是买了持有，直到到期；最后一点也和企业债券市场发展有关，一般一个市场处于成长阶段时交易额不是特别活跃。

总体来看，买企业债券要进行细分，这些企业现在来看大多是各个行业的龙头老大，但是在不同的行业里随着国家产业政策的调整，不同的行业收益情况或者亏损情况都是不一样的，当你买企业债券的时候就不能像买国债那样，把它放起来就不用管了，还要进行分析，如果发行企业债券的企业发生波动的话，它的债券也可能发出波动，因为大家对它预期是不一样的，所以在买企业债券的时候对这个要细分，就是说它跟国债不一样的地方。另外，还要注意相同的企业债券相对国债来讲，中间利差有多大，利差大了，当然收益会更好一点。

另外，可转债与国债、企业债相比又有一个什么样的区别，是不是说它的风险性更大了？

风险大收益大，像股市不是特别好的时候，它的可转债相当不错，因为可转债既可以享受利息收入，同时也可以享受到未来股票升值的好处。但是从现在市场交易的几只可转债来看，利息收入都是相当低的，都是在1%左右，而且可转债、企业债都要交利息税（对机构投资者来说还要交所得税），纳税后收入只有1%或者百分之零点几，所以说它主要的价值是来自期权价值、转股价值。另外，有的债券还设置强制转股的规定，所以它基本上就是股票的性质，主要的价值在于股票收益。

可转债与股票相比，具有哪些优势？或者说它们之间有什么样的不同？

可转债如果没有被强制转股，它与股票差别还是非常大的，也就是说这个企业倒闭了，我也还是可以要回我的钱，因为我是债权人；但是如果被强制转股，也就是说我的债券到期时，必须转换股票。转股的时候可以选一个比较好的价位，作为转股价与前面相比，可以选择比较好的转成股票，会有比较好的利益。所以说你持有股票不能只注意利息，关键要看它值不值得投资，所以在中国目前情况下，当你买可转债时，实际上要看它的股票投资价值到底有多大。

那么，对于国债、企业债还有可转债，什么样的债券更适合投资者呢？

不同投资者，在选择时也不一样，国债风险小，收益相对也少一点，企业债券风险要大一点，那么可转债风险就更大了。举一例子，最近由于股市不好，很多人把钱存到银行了，实际上银行存款一年期、

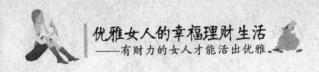

两年期的利率都没有国债利率高，而且国债利率也不比银行存款利率风险大，所以，你存这么多年还不如买国债，实际上这是大家对国债的认识问题。我们想说的是交易所的交易也可以进行投资，很多人对它非常怕，如果你摆正心态就会发现你有很多投资机会。

而且，你不仅可以投资国债，还可以同时投资股票，因为国债可以作为抵押融资手段（短期融资），比如说投资者喜欢投资新股，可以通过持有国债，然后再进行融资，买新股，这也可以获得相当不错的回报。

债券的特征和基本构成要素

1. 债券的特征

从投资者的角度看，作为一种重要的融资手段和金融工具，债券具有以下四个特征：偿还性、流动性、安全性、收益性。

（1）偿还性

债券一般都规定有偿还期限，发行人必须按约定条件偿还本金并支付利息。

（2）流通性

债券的流动性是指债券在偿还期限到来之前，可以在证券市场上自由流通和转让。一般来说，如果一种债券在持有期内不能够转化为货币，或者转化为货币需要较大的成本（如交易成本或者资本损失），这种债券的流动性就比较差。一般而言，债券的流动性与发行者的信誉和债券的期限紧密相关。

由于债券具有这一性质，保证了投资者持有债券与持有现款或将钱存入银行几乎没有什么区别。而且，目前几乎所有的证券营业部门或银行部门都开设债券买卖业务，且收取的各种费用都相应较低，方便债券的交易，增强了其流动性。

（3）安全性

与股票相比，债券通常规定有固定的利率。与企业绩效没有直接联系，收益比较稳定，风险较小。此外，在企业破产时，债券持有者享有优先于股票持有者对企业剩余资产的索取权。

（4）收益性

债券的收益性主要表现在两个方面，一是投资债券可以给投资者定期或不定期地带来利息收入；二是投资者可以利用债券价格的变动，买卖债券赚取差额。

2. 债券的基本要素

债券尽管种类多种多样，但是在内容上都要包含一些基本的要素。这些要素是指发行的债券上必须载明的基本债券内容，这是明确债权人和债务人权利与义务的主要约定，具体包括：

（1）票面价值

债券的面值是指债券的票面价值，是发行人对债券持有人在债券到期后应偿还的本金数额，也是企业向债券持有人按期支付利息的计算依据。债券的面值与债券实际的发行价格并不一定是一致的，发行价格大于面值称为溢价发行，小于面值称为折价发行。

（2）偿还期

债券偿还期是指企业债券上载明的偿还债券本金的期限，即债券发行日至到期日之间的时间间隔。公司要结合自身资金周转状况及外部资本市场的各种影响因素来确定公司债券的偿还期。

（3）付息期

债券的付息期是指企业发行债券后的利息支付的时间。它可以是到期一次支付，或1年、半年或者3个月支付一次。在考虑货币时间价值和通货膨胀因素的情况下，付息期对债券投资者的实际收益有很

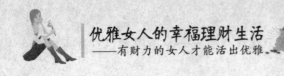
大影响。到期一次付息的债券，其利息通常是按单利计算的；而年内分期付息的债券，其利息是按复利计算的。

（4）票面利率

债券的票面利率是指债券利息与债券面值的比率，是发行人承诺以后一定时期支付给债券持有人报酬的计算标准。债券票面利率的确定主要受到银行利率、发行者的资信状况、偿还期限和利息计算方法以及当时资金市场上资金供求情况等因素的影响。

（5）发行人名称

发行人名称指明债券的债务主体，为债权人到期追回本金和利息提供依据。

上述要素是债券票面的基本要素，但在发行时并不一定全部在票面印制出来，例如，在很多情况下，债券发行者是以公告或条例形式向社会公布债券的期限和利率。

（6）债券价格

债券价格包括发行价格和交易价格两种。

债券的发行价格是指债券发行时确定的价格，可能不同于债券的票面金额。当债券的发行价格高于票面金额时，称为溢价发行；当债券的价格低于票面金额时，称为折价发行；当两者相等时，称为平价发行。选择何种方式取决于二级市场的交易价格以及市场的利率水平等。

债券的交易价格是指债券离开发行市场进入交易市场时采用的价格，由利率以及二级市场上的供求关系来决定，通常与票面价值是不同的。

（7）偿还方式

偿还方式分为期满后偿还和期中偿还两种。主要方式有：选择性购回，即有效期内，按约定价格将债券回售给发行人。定期偿还，即债券发行一段时间后，每隔半年或者一年，定期偿还一定金额，期满时还清剩余部分。

（8）信用评级

信用评级即测定因债券发行人不履约，而造成债券本息不能偿还的可能性。其目的是把债券的可靠程度公诸投资者，以保护投资者的利益。

把握好债券投资法则

债券是很好的投资工具。有数据显示，股票和债券的历史回报率分别为1%和5%。但在考虑费用、成本和税收之后，现实中的股票回报率只有6%~7%。从债券中，有两种获得收入的基本方式。

一种是，在债券持有期间内定期获得利息。

付息债权，以前也称之为"剪息票"，即每半年取得一次利息，到期时按照面值收回本金。

另一种是，以低于面值的价格买入债券。

如，以5000元的价格购买了面值10000元的10年期债券。当然，这并不说明你买到了便宜货，债券的折扣程度是经过精确计算的，并且不支付任何利息，这类债券称之为零息债券，到期时收回本金和全部利息。对于这种债券，购入价格和面值之间的差额就代表你所获得的投资收益。当市场利率上升时，债券为投资者提供的收益率也会上升，此时债券价格随之下降。反之亦然。

债券一旦上市流通，其价格就要受多重因素的影响而反复波动。这对于投资者来说，就面临着投资时机的选择问题。机会选择得当，就能提高投资收益率。反之，投资效果就差一些。债券投资者要学会掌握购买债券的时机。

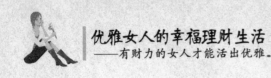

1. 迅速将现金用于投资

如果持有现金，可以将其投资于中期债券，此时的利率水平比低利率时期要高得多。因此，利率上升完全是一个好消息。如果国债收益率曲线比较平缓，应购买 2~10 年的中期国债。

2. 在投资群体集中到来之前决定

投资在社会经济活动中存在着一种从众行为，即某一个体的活动总是要趋同大多数人的行为，从而得到大多数人的认可。这反映在投资活动中就是资金往往总是比较集中地进入债市或流入某一品种。而一旦确认大量的资金进入市场，债券的价格就已经抬高了。所以，精明的投资者就要抢先一步，在投资群体集中到来之前投资。

3. 追涨杀跌

债券价格的波动都存在着惯性，即不论是涨是跌将有一段持续时间，所以投资者可以顺势投资，即当整个债券市场行情即将启动时可买进债券，而当市场开始盘整将选择向下突破时，可卖出债券。追涨杀跌的关键是要能及早确认趋势，如果走势很明显已经走到回头边缘时才做决策，就会适得其反。

4. 在银行利率调整期间

债券受银行利率影响很大，当银行利率上升时，大量资金就会纷纷流向储蓄存款，债券价格就会下降，反之亦然。投资者应努力分析和发现利率变动的信号，争取在银行即将调低利率前及时购入或在银行利率调高一段时间后买入债券，这样就能够获得更大的收益。

5. 新券上市期间

投资债券市场与股票市场不一样，债券市场的价格体系一般较为稳定，往往在某一债券新发行或上市后才出现一次波动，因为为了吸引投资者，新发行或新上市的债券年收益率总比已经上市的债券价格要略高一些，这样债券市场价格就要做一次调整。一般来说，新上市的债券价格会逐渐上升，收益会逐渐下降，而已经上市的债券价格维持不动或下跌，收益率上升，债券市场价格达到新的平衡点，而此时的市场价格比调整前的市场价格要高。因此，在债券新发行或新上市时购买，然后等待一段时间，在价格上升时再卖出，投资者将会有所收益。

如何避免债券风险

目前，股票市场震荡，权衡风险和收益的平衡，很多投资者都把目光投向了相对稳定的债券。可是债券作为一种理财产品，它同样是有风险的，只是相对小一些。因此，正确评估债券投资风险，明确未来可能遭受的损失，是投资者在投资决策之前必须要做好的工作。具体来说，投资债券存在以下几方面的风险：

1. 利率风险

利率是影响债券价格的重要因素之一，当利率提高时，债券的价格就降低，此时便存在风险。如：某人于 2009 年按面值购进国库券 10000 元，年利率 10%，三年期。购进后一年，市场利率上升 12%，国库券到期值 = 10000 × （1 + 10% × 3）= 13000（元），一年后国库券现值 = 13000 ÷ ｛（1 + 12%）×（1 + 12%）｝= 10364（元），10000 元存入银行本利和 = 10000 ×（1 + 12%）= 11200（元），损失 = 11200 - 10364 = 836（元），并且债券期限越长，利率风险越大。

对于利率风险，应采取的防范措施是分散债券的期限，长短期配合。如果利率上升，短期投资可以迅速地找到高收益投资机会，若利率下降，长期债券却能保持高收益。总之，一句老话：不要把所有的鸡蛋放在同一个篮子里。

2. 购买力风险

由于通货膨胀而使货币购买力下降的风险。通货膨胀期间，投资

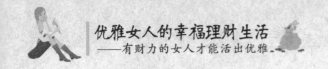

者实际利率应该是票面利率扣除通货膨胀率。若债券利率为10%，通货膨胀率为8%，则实际的收益率只有2%，购买力风险是债券投资中最常出现的一种风险。

对于购买力风险，最好的规避方法就是分散投资，以分散风险，使购买力下降带来的风险能为某些收益较高的投资收益所弥补。通常采用的方法是将一部分资金投资于收益较高的投资品种上，如股票、期货等，但带来的风险也随之增加。

3. 变现能力风险

是指投资者在短期内无法以合理的价格卖掉债券的风险。如果投资者遇到一个更好的投资机会，他想出售现有债券，但短期内找不到愿意出合理价格的买主，要把价格降得很低或者很长时间才能找到买主，那么，他不是遭受降低损失，就是丧失新的投资机会。

针对变现能力风险，投资者应尽量选择交易活跃的债券，如国债等，便于得到其他人的认同，冷门债券最好不要购买。在投资债券之前也应考虑清楚，应准备一定的现金以备不时之需，毕竟债券的中途转让不会给持有债券人带来好的回报。

4. 经营风险

是指发行债券的单位管理与决策人员在其经营管理过程中发生失误，导致资产减少而使债券投资者遭受损失。

为了防范经营风险，选择债券时一定要对公司进行调查，通过对其报表进行分析，了解其盈利能力和偿债能力、信誉等。由于国债的投资风险极小，而公司债券的利率较高但投资风险较大，所以，需要在收益和风险之间作出权衡。

5. 违约风险

是指发行债券的公司不能按时支付债券利息或偿还本金，而给债券投资者带来的损失。

违约风险一般是由于发行债券的公司经营状况不佳或信誉不高带

来的风险，所以在选择债券时，一定要仔细了解公司的情况，包括公司的经营状况和公司的以往债券支付情况，尽量避免投资经营状况不佳或信誉不好的公司债券，在持有债券期间，应尽可能对公司经营状况进行了解，以便及时作出卖出债券的抉择。同时，由于国债的投资风险较低，保守的投资者应尽量选择投资风险低的国债。

6. 再投资风险

再投资风险是指购买短期债券，而没有购买长期债券，会有再投资风险。例如，长期债券利率为14%，短期债券利率13%，为减少利率风险而购买短期债券。但在短期债券到期收回现金时，如果利率降低到10%，就不容易找到高于10%的投资机会，还不如当期投资于长期债券，仍可以获得14%的收益，归根到底，再投资风险还是一个利率风险问题。

对于再投资风险，应采取的防范措施是分散债券的期限，长短期配合，如果利率上升，短期投资可迅速找到高收益投资机会，若利率下降，长期债券却能保持高收益。也就是说，要分散投资，以分散风险，并使一些风险能够相互抵消。

总之，债券投资是一种风险投资，那么，投资者在进行投资时，必须对各类风险有比较全面的认识，并对其加以测算和衡量，同时，采取多种方式规避风险，力求在一定的风险水平下使投资收益最大化。

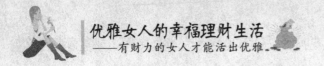

基金：间接投资的最佳选择

买基金，赚大钱

目前，光靠存款生利息，累积财富不易，还是要善用金融商品做投资，加速财富增长。在各式金融商品中，股票风险大、挑选难，期货风险更大。不妨选择各式基金，作为踏入投资世界的第一步，跨入门槛低。

美国是"基金天堂"，光是基金就高达八千余种，人们的投资金额有 25% 放在基金上面。"理财＝基金"在一般人的观念里已经根深蒂固。个人股票持有率减少的同时，基金的股票持有率却有增加的趋势。

一般来说，证券投资基金是通过汇集众多投资者的资金，交给银行保管，由专业的基金管理公司负责投资于股票和债券等证券，以实现保值增值的一种投资工具。简单的说，基金就是把大家手里的钱汇集在一起，然后统一交给专业的人去帮你进行证券投资，然后在一定的时间之后"分红"。所以买不同的基金就相当于，把钱交给了不同的管家。

这种理财工具比起股票投资来说，风险相对小一些，而其收益一般也不低。一般还会高于直接参与股票交易的投资者。一方面，基金公司具有大规模的资金，可以降低股票投资过程中的风险；另一方面，基金公司拥有更专业的投资知识和技术功底，他们往往具有较高的投资水平。平均年报酬率8%、12%，加上复利效果，长期下来，累积财富的效果更大。

对于安全倾向的投资人来说，股票是禁忌，但如果一定要投资的话，最好选择基金或大型绩优股。只挑选大家都认定安全无虞的绩优股投资，就算短时间有损失，但也不必因此心生动摇，最好是买了就忘了有这回事。如果再多点野心的话，债券商品也是另一项选择。比起公司债，要把国债排在第一顺位，想要累积功力的话，就往高获利的债券下手。不过，这也是以闲钱为前提的投资。不受市场一日数变影响的长期投资是最佳的选择，按照自己的个性倾向，等到确实有合适的商品出现再下手。只要想着"顶多就是把这项投资转给子女"，这样就会安心多了。

王女士像所有刚参加工作的工薪族一样，每月3000元收入并不算很高，因为自己有住房，所以每月的开销也不大，月支出800－1000元，在银行的账户上存有1万元。她一直想通过理财实现短期内买5万元左右汽车的愿望。她很自然地想到了把闲钱做些投资，她没有太多业余时间，也缺乏专业的理财知识，不想做风险太大的投资。

王女士咨询了相关专家。目前银行理财产品多以5万元为投资起点，所以，王女士基本无法选择，只有储蓄存款和基金投资比较适合，但储蓄存款收益较低，恐怕难以实现王女士短期购车愿望，专家建议选择基金投资。

理财专家给出这样的建议：因为王女士每月节余1600元左右，考虑到其投资风险承受能力不高，且属于懒人理财，建议购买两只债券基金作定投。经过细心的研究和比较，王女士最后选择一只业绩表现优异的基金。她决定在两年中，把资金分批投入。王女士开始了自己的理财计划，她每月积累的2000元钱，暂存储蓄活期。王女士开始关

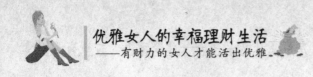

注股票市场走势，并虚心向银行理财经理或证券专业人士请教。

每逢市场深度调整时，她就把此前积累的资金投入目标基金，然后再积累，再投入，这样有效地摊低购买成本。1年下来，王女士一算自己的投资收益到了20%，于是王女士信心百倍，虽然第2年收益不如第一年好，但是也达到了10%。两年时间，王女士本息收益达到了63360元，最终实现了自己的汽车梦。

女性投资者对这种波动性比较低、追求中长线稳定增值的投资方式是十分青睐的，因为基金赚钱可能没有股票那么快，但是它也可以让你的小积累最终变成大财富。对女性朋友而言，在购买基金时，要懂得"基金的投资应该在分类研究的基础上进行"，"对于不同类型的基金要有不同的投资策略"。

2. 股票型基金和偏股型基金

股票型基金和偏股型基金是当前基金市场上最大的一个类别。无论是从基础市场情况来看，还是从收益情况来看，股票型基金和偏股型基金都应该是投资的重点。

但是，在具体实施操作的时候，投资者一定要对股票市场的行情发展趋势有一个大致的判断，即当认为未来的股票市场赢利空间大于下跌空间的时候，才可以进行对于股票型基金和偏股型基金的投资，因为在股票市场的下跌行情中，股票型基金很难创造收益。

就股票市场情况来看，如果市场下跌已久，股票型基金、偏股型基金均存在着一定的投资机会，股票投资能力较强的基金可以在这样的市场中发挥出一定的专业理财水平。在具体投资品种的选择方面，建议女性朋友要注重选择具有较好历史业绩表现的基金。

3. 指数型基金

指数型基金是一种以拟合目标指数、跟踪目标指数变化为原则，实现与市场同步成长的基金品种，按照证券价格指数编制原理构建投资组合进行证券投资的一种基金。从理论上来讲，指数基金的运作方法简单，只要根据每一种证券在指数中所占的比例购买相应比例的证券，长期持有即可。指数基金仍然成为众多投资者喜爱的金融工具。随着我国证券市场的不断完善，以及基金业的蓬勃发展，相信指数基金在中国将有很大的发展潜力。

指数基金的绩效表现基本上与标的指数代表的大势一致，对于女性投资者来说，看准了大势之后，就可以购买指数基金，保证指数上涨就可以赚钱。

指数基金可以细分为被动型指数基金、积极型指数基金。

4. 债券型基金

债券基金是一种以债券为投资对象的证券投资基金，它通过集中众多投资者的资金，对债券进行组合投资，寻求较为稳定的收益。按所投资的债券种类不同，债券基金可分为以下四种：①政府公债基金，主要投资于国库券等由政府发行的债券；②市政债券基金，主要投资于地方政府发行的公债；③公司债券基金，主要投资于各公司发行的债券；④国际债券基金，主要投资于国际市场上发行的各种债券。

一份与债券型基金和偏债型基金有关的报告统计数据显示，在11只债券型基金当中，机构投资者的持有比例是41.57%，个人投资者的持有比例是58.43%；在7只偏债型基金当中，机构投资者的持有比例是25.78%，个人投资者的持有比例是74.22%。机构投资者在这两类基金上的持有比例明显偏少。

机构投资者属于理性投资成分较多来说的投资者类型，既然它们都不重视这两类基金，对于女性投资者来说是否也可以从中得到一定的启发呢？尤其是在未来利率市场存在升息预期的背景之下，对于这两个类别的基金，建议女性投资者在可以控制风险的前提下适量参与即可。

对于女性来说，如果平时上班忙，对基金又把握不准，一个最简

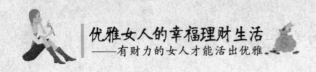
便的办法就是，通过网络，采取基金定投的理财方式（网络会帮忙自动从你所设定的账户中扣款，投资于一些证券投资基金），养成长期投资的习惯。只要你的电脑具有基金网络交易的功能，就可以自行选择每月当中任一天作为你投资的日子。薪水入账日就是很好的时机。薪水一下来，就将部分金额转入基金投资，这样可以养成长期投资的习惯，不会因为有钱就乱花而成为"月光族"。如此贴心的设计，可以让现代年轻女性不必担心因为忙碌而忘记投资，耽误了理财大计，也能因此一步步成为聪明的理财专家。

基金的认购、申购和赎回

我们在选择基金时有多种选择标准，我们可以以风险和收益为选择的依据，也可以以我们自身的年龄和婚姻状况作为选择的依据，还可以根据投资期限来选择自己购买哪种基金。

基金认购是指投资者在设立募集期内购买基金单位的行为。申购是指基金成立后，向基金管理人购买基金单位的行为。赎回是指基金投资者向基金管理人卖出基金单位的行为。投资者可以在开立基金交易账户的同时办理购买基金，在基金认购期内可以多次认购基金。投资者拿到代销机构的业务受理凭证仅仅表示业务被受理了，但业务是否办理成功必须以基金管理公司的注册登记机构确认的为准，投资者一般在T（T指申请日）+2个工作日才能查询到自己在T日办理的业务是否成功。

投资者在T日提出的申购申请一般在T+1个工作日得到注册登记机构的处理和确认，投资者自T+2个工作日起可以查询到申购是否成功。

理论上，网上交易可以 24 小时下单，直接到柜台交易的话只要在正常工作时间都可以下单。但下单不代表能买，因为开放式基金的申购价格是按照当日股市收盘后基金公布的净值来确定的。也就是说，如果是在正常工作日当日的下午 3 点前申购的基金，那么按照当日收盘后基金公司公布的基金净值来确定申购价格。如果是在工作日当日下午 3 点后申购的基金，那么按照下一个正常工作日收盘后基金公司公布的基金净值来确定申购价格。

在办理开放式基金业务时，需准确提供相关资料，并认真填写相关的表格，如填写有误，申购申请有可能会被拒绝。此外，开放式基金在基金契约、招募说明书规定的情形出现时，会暂停或拒绝投资者的申购。

目前开放式基金申购采用外扣法，具体公式如下：申购费用 = 成交份额 × 申购费率（%）× 成交日单位基金净值；成交份额 = 申购金额/成交日单位基金净值/（1 + 申（认）购费率（%））。

在基金认购期，基金份额需在基金合同生效后才能确认；在正常工作日，投资者提出申购后的 T + 2 个工作日可查询到申购确认的份额。如果是在银行柜台买的，你可以到那去打印交割单。也可以直接到相应的基金公司网站上查询。

认购申购基金采用的是金额认购，一般最低限额是 1000 元。一般申购基金确认到账后即可要求赎回，但具体受理时间银行和基金公司是不同的。投资人可以要求基金公司将赎回款项直接汇入其在银行的户头，或是以支票的形式寄给投资人。

同一投资者在每一开放日内允许多次赎回。可以部分赎回，当然各个基金都有规定，持有份额的最低数量，例如有的基金规定剩余份额不低于 100 份，否则在办理部分赎回时自动变为全部赎回。

收取赎回费的本意是限制投资者的任意赎回行为。为了应对赎回产生的现金支付压力，基金将承担一定的变现损失。如果不设置赎回

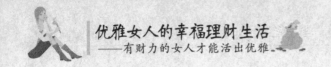

费，频繁而任意的赎回将给留下来的基金持有人的利益带来不利影响。而目前我国的证券市场发展还不成熟，投资者理性不足，可能产生过度投机或挤兑行为，因此，设置一定的赎回费是对基金必要的保护。

基金风险虽低，但并非没有

投资中最大的风险常常是来自于投资者本身。作为基金投资者，我们在投资基金的同时既要明了基金是有风险的，同时也要加强自身的基金理财知识储备，做一个理性的基金投资者。

投资基金，可以到附近的金融机构去申购，银行就可以办理，最好是交易便利的地方，只不过以后如果想赎回申购基金的一部分时，事先要先确定合约内容。最重要的就是慎选基金操作公司，而且最好知道是谁在操作自己的辛苦钱。要仔细阅读合约书与投资信托说明书，如果有需要签名或盖章的地方，一定要慎重处理，了解清楚再做决定。

现在，基金市场仍在持续扩大，种类也越来越多样化，除了房地产投资之外，连期货、期权之类的衍生商品基金也应运而生。另外还有黄金之类的实物资产交易的基金，也成了新的投资趋势。

因此，投资基金也需要选择，选适合自己的基金，则提高自己的收益，反之收益则不是那么理想。

1. 不熟不做，不懂不进

投资基金不是为了赌一把而来，我们应从最基础的知识学起。可以先到书店购买相关书籍，到网上查找相关资料，慢慢地搞明白。把基金知识和自己结合起来，不光要知道自己想要什么，还要知道自己不能做什么，了解哪些基金能满足自己的需要，明确怎样买基金才能更好地实现自己的目标。其实，所谓的基金实际就是专家理财，基金的优势就是专业优势、团队优势和规模优势。

2. 选择适合自己的基金才是最好的

买基金，我们要看招募说明书中阐述的投资理念、投资范围，要看年报季报中基金的投资情况，要看基金公司的投资团队，根据自身的理财规划来确定适合的产品类型，合理进行资产配置和基金类型配置。

3. 投资基金要有足够的耐心

每个基金公司都有自己的投资理念，每只基金都有自己的投资风格。在同样的市场条件下，基金会有不同的表现。因此，我们要始终看淡一时的涨与跌，相信自己的判断。

此外，投资基金不应该有一种"炒"的心态，而应该抱着一种"捂"的心态。只要相信基金，相信自己，长期持有就可以有效地化解风险。

4. 学会适时进行基金转换

长期持有并不是说一味地消极等待。我们也可以进行基金转换，把高收益同时也是高风险的基金品种转换为低收益但同时也是低风险的基金品种来规避风险。耐心持有加主动操作，实现资产的保值增值。

基于以上几点，对于基金投资者而言，选择基金需要注意以下几方面问题：

1. 根据风险和收益

不同类型的基金给投资者带来的风险各不相同。其中，股票型基金的风险最高，混合型和债券基金次之，货币市场基金和保本基金的风险最小。

即使是同一类的基金，由于投资风格和投资策略不同，风险也会不同。比如在股票型基金中，与成长型和增强型的股票型基金比起来，

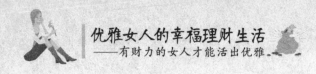

平衡型、稳健型、指数型的风险要低一些。同时，收益和风险通常有较大的关联度，两者是成同比变化的。也就是说，要想获得高收益往往要承担高风险。

因此，根据投资者抗风险能力的高低不同可以选择投资不同的基金。对于抗风险能力较低的投资者，宜选择货币市场基金，可获得比储蓄利息高的回报；如果投资者抗风险能力稍强，可以选择混合型基金和债券基金；如果投资者的抗风险能力较强，且希望收益更大，可以选择指数基金；如果投资者的抗风险能力很强，可以选择偏股型基金。

2. 根据投资者年龄

不同年龄段，每个投资者的投资目标、所承受的风险程度和经济能力各有差异。

青年时期，没有家庭和子女的负担，收入大于支出，风险承受能力较高，股票型基金或者股票投资比重较高的平衡型基金都是很好的选择。

中年时期，家庭和收入比较稳定，可以选择开放式基金。但此一阶段因承担的家庭责任较重，抗风险能力减弱，投资时应将投资收益和风险综合起来考虑。宜选择多样化的投资组合，将风险最大程度的分散。

老年阶段，抗风险能力较小，这一阶段的投资以稳健、安全、保值为目的，宜选择部分平衡型基金或债券型基金这些安全性较高的产品。

3. 根据投资期限

投资期限在 5 年以上，可以选择股票型基金这类风险偏高的产品。这样可以防止基金价值短期波动的风险，又可获得长期增值的机会，有较高的预期收益率。保本基金的期限也较长，一般为 3～5 年，为投资者提供一定比例的本金回报保证，只要过了期限就能绝对保本，因此也适合长期投资。

投资期限在 2~5 年，除了选择股票型基金这类高风险的产品，还可以投资一些收益比较稳定的债券型或平衡型基金。这是为了保证资金具有一定的流动性。但由于申购、赎回程序都要缴纳不菲的手续费，这对于投资者而言是要考虑的问题。

4. 投资期限在两年内

最好选择债券型基金和货币市场基金这两类风险低、收益比较稳定的基金。特别是货币基金具备极强的流动性，又因其不收取申购、赎回费用，投资者在需要资金时可以随时将其变现，在手头宽裕时又可以随时申购，是做短期投资的首选。

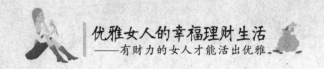

保险：未雨绸缪，给人生系上安全带

保险，管理好你的人生风险

现代女性都身兼数职，在外要努力工作，为自己挣出一片天；在内要关心家人、守护家人，她们却忘了要保护自己。新时代的女性应该给自己一些特殊保护，投适合自己的险种，为自己的未来负责。

在许多发达国家，女人们认为与男人比较起来，保险要来得更可靠。在她们眼里，保险最让人信得过，是一位从来不会背叛的情人，即使遇到再大的风雨和磨难，保险也不会离你远去。

随着社会的发展，更多的人意识到，有些事情是我们不能控制的，比如"生老病死"。统计显示，29%的人士很可能只能活到65岁。我们大家辛苦工作一生积累的一笔财富，工作到60岁，谁知道平静生活几年之后，开始疾病缠身，运气不好的人连几年的平静生活都没有过就去世了。

我们控制不了什么时候生病，更不能决定生什么病。在年轻的时候患有绝症，这不是不可能，这样的故事已经被电视剧演了一遍又一遍。如果没有购买"重大疾病保险"，昂贵的医疗费用很可能拖垮本来幸福的家庭。

有的重病拖累了家庭的每个成员，一家人的生活便有了重担。朋友亲戚都远离，借钱没完没了。这的确是中国家庭经常碰到的问题。

家庭的尊严都会一点点丧失，孩子在这种环境下长大，心态一定会受到很大的影响。

由此可见，购买适当的保险是生活的必需。这样才能为自己的人生铸造一面幸福的围墙，保护自己免受疾病和意外的伤害。

在一些发达国家，如美国、英国、日本，保险已经深入人心。每个家庭都有预备，有病时只需要担忧心灵上的创伤，而不需要为财务上多做担忧。如果能在健康而富裕的时候为家人购买保险，患有疾病之后，如果一部分的医疗费用可以由保险公司报销，生活就不会那么艰难。

身为女性的你，保险也是有自己的特殊需要的，有些保险是根据女性的生理特点与社会特性而为女性量身定做的，更有针对性，如果选对了，你的后半生不仅有了保障，而且它也可以转化为你的个人财富。

但据有关数据显示：女性总体投保率要明显低于男性。很大比例的家庭保单都是女主人充当投保人，被保险人却往往是子女、丈夫，而不是自己。现代女性在家庭经济与生活中起着举足轻重的作用，她们更应该为自己和未来的家庭幸福生活做好保险规划。只有拥有自己的保障，其他的理财计划才可能实现。

"别人都说我很富有，拥有很多财富。其实真正属于我个人的财富是给自己和亲人买了足够的保险。"

听到大"财女"张欣说出这样的话，朋友们都睁大眼睛问："什么？保险能等于财富？"没错！保险能够在你的生命、财产、健康等受到危害时给予你一定的赔偿与帮助，它不也是一种投资吗？在后半生等到你的生命、财产、健康出了问题时，你就知道它是一项多么有益的投资方式了。所以说，保险也是一种十分稳健的投资方式，它能为你带来十分不错的经济回报。

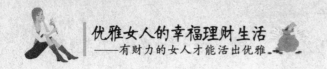
不知道你有没有意识到，生活中风险就像空气一样充斥在我们的周围。致命的意外很可能就在我们毫无防备的时候发生。天空、街道、家里沙发、办公室的椅子、道路上汽车，这一切都隐藏着许多人无法预知的危险。

对于大多数人来说，危险虽然是不可避免的，并且很可能我们会因为这些危险蒙受损失，最重要的是还得承受身体和心理的上打击。虽然不能避免这些风险，但我们却可以用各种各样的方式，把损失降到最低。有人说，保险就像是一堵墙，保护着家庭中的每一个人。

我们无法预知未来会发生什么不幸，但是我们可以为自己多做一份打算。这才是对自己，对家人的负责的态度。一个对自己和家人负责的人总是未雨绸缪，在出发之前做好准备，提前采取防御措施，正确面对风险，降低风险的伤害程度，这是每个现代人必须面对的课题。

有一位李先生前不久买了一辆新车，并在经销商介绍的保险业务员处购买了车险。但由于对车险不熟悉，没有多问。半个月后，他突然发现自己的前挡风玻璃左下角有一道明显裂痕，他赶紧将车开到经销商处希望更换玻璃，但得到的答复是由于玻璃已经贴膜，无法鉴别造成裂痕的原因，所以不属于保修范围。李先生转而找到保险公司，希望能得到理赔，却被告知由于没有投保"玻璃险"，不能赔偿。李先生真是哑巴吃黄连，有苦说不出。

还有位刘小姐开车行驶在公路上，突然一块飞石打在了爱车的前挡风玻璃上，玻璃立刻呈放射状裂开。幸亏此前在朋友的建议下，刘小姐事前购买了"玻璃险"，于是顺利得到了保险公司的赔偿，换上了价值不菲的原装挡风玻璃。

"玻璃险"，作为汽车保险的一项附加险，可以说是对汽车"面子"的最好保障，但很多有车族却不知道汽车玻璃还需单独投保。而且大多数情况下，即便有人介绍这一附加险，有车一族也往往不以为然。于是像上面两则"买了受益，没买的倒霉"的事例在生活中就时常会发生。

买不买保险完全因人而异，但不可否认的是，一份适合自己的保险往往可以降低风险，弥补意外损失。现代社会中，存在着方方面面的风险，失业的风险、疾病的风险、养老的风险等等，而购买保险则可将风险损失最小化，使得被保险人或受益人的经济损失大大降低。

当然，也确实存在这样一种情况，买了保险没有派上用场，如意外险、航空险、住院医疗险等。但这类保险到底该不该买？主要取决于消费者对风险的认识，若是存有"不怕一万只怕万一"的心态，希望意外受损时获得补偿，买保险当然是不错的选择；若是觉得风险的概率太小，那掏起腰包来自然不爽。说白了，买保险就该买适合自己的、在需要时能真正派上用场的险种，这也是堵住人生漏洞的一个方法。

现代女性要学会选择险种

保险是一种特殊商品。一件衣服或一套家具买来了，如不喜欢可以不穿、不用，也可以送人，而保险不能转送。有些女性朋友买保险，是因为营销员是朋友或亲戚，本不想买，但碍于情面，只好硬着头皮买下。或是不看条款，光听介绍，盲目轻信，买后才发现并不适合自己，结果是不退难受，退了经济受损也难受，出了险更难受。

保险种类很多，应根据自己的实际情况选择自己最需要的。比如同是养老保险，有的是在交费时就确定领取年龄，有的是在领养老金

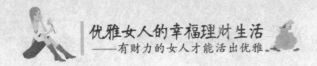

时才确定；有的是月领取，有的是年领取，有的是一次性领取，有的是定额领取，有的是增额领取。同是防重大疾病保险，有的观察期是180天，有的是1年，有的是3年，如果仅凭一时冲动投保而没有相互进行比较分析，往往不能买到合适的保险。

对大多数女性来说，生活中遇到危险是难免的，常常有些意外，毫无征兆，不期而至，并因此造成各种程度不等的经济损失。如果我们事先购买了适当的保险，那无异于筑起了一道坚固的防线，有些不幸就只会成为一种经历而已，犹如大海的一次退潮，不会影响生活质量。

毋庸置疑，人生有太多的等待，但有些事是不能等的，比如保险，因为我们无法预知未来，不知道哪一天会发生意外。在买保险的时候觉得多余，意外发生时，后悔买得太迟、买得太少。与其将来后悔，不如现在立即行动！

事实上，保险也可以作为一种相对稳定的理财方式，非常适合大多数女性朋友，但并不是说只要是保险，我们都来者不拒，而是要学会选择。

社会保险和商业保险是我们为自己选择保障的两个部分。许多人认为自己已经有非常完整的社会保险了，所以就不必考虑商业保险。但是实际上，这两个保障体系所带给我们的保障作用是不同的，它们没有矛盾冲突的地方。

社会保险制度是社会保障制度的核心，主要包括统筹养老保险、事业保险、医疗保险、工伤保险、生育保险，其资金来源是国家、单位、个人三个方面。社会保险所提供的是对社会成员基本生活的物质帮助。

商业保险由保险公司按企业原则经营管理，要最大限度的赢利。国家对其征收有关税费。商业保险由全社会的成员自愿参加，费用由保险人个人负担，可满足人们生活消费的各个层次的需要，保障水平相对较高。社会保险同商业性保险主要区别有5点：

1. 性质、作用不同

社会保险具有强制性、互济性和福利性，其作用是通过法律赋予劳动者享受社会保险待遇而得到生活保障的权利；而商业性保险是自愿性、赔偿性和盈利性的，它是运用经济赔偿手段，使投保的企业和个人遭到损失时，按照经济合同得到经济赔偿。

2. 立法范畴不同

社会保险是国家对劳动者应尽的义务，是属于劳动立法范畴；而商业保险是一种金融活动，属于经济立法范畴。

3. 保险费的筹集办法不同

社会保险费按照国家或地方政府规定的同意缴费比例进行筹集，由国家、集体和个人三方共同负担，行政强制执行实施；而商业保险实行的是自愿投保原则，保险费用视险种、险情而定。

4. 保险金支付办法不同

社会保险金支付是根据投保人交费年限（工作年限）、在职工资水平等条件，按规定给付，支付标准以保障基本生活为前提；而商业保险金则是按照经济合同给付。

5. 管理体制不同

社会保险由各级政府主管社会保险的职能部门管理，其所属社会保险管理机构不仅负责筹集、支付和管理社会保险基金，还要为劳动者提供必要的管理服务工作；而商业保险则由各保险公司进行自主经营，属于企业行为。

我们可以再总结一下，社会保险是国家强制实施的保障制度，其目的是维持社会稳定，保证因退休、失业、伤残而丧失收入者的基本生活保障制度。商业保险则是建立在自愿的基础上，通过合同形式确立的一种较高水平的生活保障。商业保险最主要的特点是其较高的保障水平。并且用户可以灵活地选择保障程度。

"保险是为中产阶级服务的。"此种说法说明了一个道理。如果想

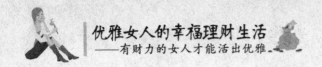

保持较高的生活水平，只靠社会保险并不够，还需要商业保险的支持。在国外，商业保单是和房产、汽车并列的高档消费品。一个人在其一生之中，从20岁到60岁大约40年的时间有收入，因此他必须考虑如何将这些收入连续地分配到没有收入的时间中去。保险是最适合这种需要的一种投资方式。

选购健康险

现代人生活条件可以说是越来越好，但运动可以说是越来越少，压力越来越大，环境污染也越来越严重。伴随着的不良结果是人们的健康受到越来越大的威胁，所以人们开始越来越重视对健康的投资，各大保险公司于是顺应市场需求，开始力推纯保障健康的保险险种。

医学证明了人的一生患上"重大疾病"的可能性非常高，沉重的医疗费、护理费、误工费、生活费成为全家沉重的包袱，很多人因负担不起而延误了治疗的时机，最后伤及生命，也许美满的生活就此止步。

社会医疗保险定位于提供基本的医疗保险，而且费用支付最高限额只有当地职工年均工资的4倍。即使参加了基本医疗保险的职工，如果住院治疗重病或者大病，超出的治疗费用需要通过补充医疗保险或者商业医疗保险途径才能解决。超出基本医疗保障的医疗保险需求仍然需要借助于商业医疗保险来解决。

但是相比其他的保险产品，健康保险较为专业和复杂，我们可以把商业公司开办的健康保险分为三类：

1. 以疾病为给付保险金条件的疾病保险

即只要被保险人患保险条款中列出的某种疾病，无论是否发生医疗费用或发生多少费用，都可以获得保险公司的定额补偿。

2. 以约定的医疗费用为给付保险金条件的医疗保险

被保险人在接受医疗服务发生费用时，由保险公司按照一定比例和限额进行补偿。

3. 以因意外伤害、疾病导致收入中断或者减少为给付险金条件的收入保障保险

保险人因意外伤害、疾病使工作能力丧失或者降低时，由保险公司按照约定的标准补偿其收入损失的一种保险。

每个家庭、每个人的具体情况不一样，需要的健康保险也不一样。所以在选择健康医疗保障的时候，首先要考虑的是自己的具体情况。其基本原则是：

1. 重大疾病保险应该是首选

先确定自己需要的险种，目前医疗保险主要综合医疗保险、住院或手术医疗保险、女性医疗保险和重疾保险等几种类型。重疾保险保障癌症、瘫痪、脑中风等一些常见重大疾病。对于年龄在 40 岁以上的人，则建议购买终生重疾保险。综合医疗保险按日定额支付住院津贴和一些特殊疾病或手术等补偿。

2. 考虑是否参加社会基本医疗保险

商业医疗保险的保障不要和社会医疗保险相互冲突。能享受公费医疗的消费者，可以选择那些能给予住院补贴或定额补偿的险种，如津贴险、重疾保险等。如果没有社保，则需要商业医疗保险来提供全部的医疗保障。如自由职业者等，则应该考虑投保一些包括门诊、住院等在内的综合医疗保险，另外再辅助以重大疾病、意外伤害医疗和津贴等保险。

3. 重视保费的负担

医疗保险并不是买得越多越好，对于一般性的医疗费用支出，消费者可根据自己所拥有的保障买一两份就可以了，不能让医疗保险的

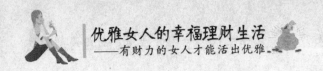

费用成为你生活的沉重负担。如果各种医疗保险提供的保障相近，你应该选择那些负担较轻、缴费方式灵活的险种。

目前市场上的医疗保险品种也开始分高中低档，市民可以根据自己的具体情况来选择。低收入家庭可买带有储蓄功能的医疗保险，现在有一些银行保险可供选择。高收入的家庭，特别是精英白领们对疾病医疗保险不但要求最大程度上的简便快捷，还要求必须能够提供相对优良的医疗条件和服务水平，如医疗过程中使用进口药品，或者住酒店式特需病房等等，普通个人商业保险很难提供如此周全的保障。在此类情况下，精英白领不妨尝试从团体保险途径获得此种超值保障。

跳出保险理财的常见误区

投保容易索赔难，难在"霸王条款行为"。因此，我们要注意保险消费中的常见陷阱，以保护自己的权益。在选择保险的时候，下述一些问题应该引起注意：

1. 不是每个女性都需要寿险

如果投保寿险是为了保障家人的生活，可能不是每个人都需要买寿险，因为寿险是保障依赖他人收入而生活的人，如果没有人依赖你而生活，基本上不用买寿险，应买医疗险或意外险。

2. 年轻时不用买保险

年轻人由于责任不大，因此一般并没有太强的风险意识，认为保险要年纪大一些才考虑。实际上在保险费上，越年轻买缴费越低，而且可以尽早得到保障，如果你还是单身，购买保险也是对你父母负责任的体现。对于没有储蓄观念的年轻人而言，买保险实际上还有另一项作用——"强制储蓄"，保险还可以帮助你养成良好的消费习惯。

3. 买保险可以发财

保险产品的主要功能是保障，而一些投资类保险所特有的投资或分红只是其附带功能，投资是收益和风险共存的。分红产品不一定会有红利分配，特别是不能保证年年都能分红。分红产品的红利来源于保险公司经营分红产品的可分配盈余。其中，保险公司的投资收益是决定分红率的重要因素，一般而言，投资收益率越高，年度分红率也就越高。但是，投资收益率并非决定年度分红率的惟一因素，年度分红率的高低还受到费用实际支出情况、死亡实际发生情况等因素的影响。保险公司的每年红利分配要根据业务的实际经营状况来确定，必须符合各项监管法规的要求，并经过会计师事务所的审计。

4. 单位买的保险足够了

目前，许多单位都为个人购买了保险，其中社会保险属于强制保险，包括养老、失业、疾病、生育、工伤，但这些保险所提供的只是维持最基本生活水平的保障，不能满足家庭风险管理规划和较高质量的退休生活。有些单位购买一些团体医疗或养老保险，由于规模效益，保费比个人购买要低一些，但如果你离开单位则不能再获保障，而且也不是许多单位提供了这些商业保险。因此建议个人还是应该拥有自己的持续、完善的保险保障。

5. 买保险要先给孩子买

重孩子轻大人是很多家庭买保险时容易犯的错误。孩子当然重要，但是保险理财风险的规避，大人发生意外，对家庭造成的财务损失和影响要远远高于孩子。因此，正确的保险理财原则应该是首先为大人购买寿险、意外险等保障功能强的产品，然后再为孩子按照需要买些健康、教育类的保险产品，在资金投入上，应该是给大人、特别是家庭经济支柱上越多越好。

在注意上述问题后，当你决定投保，也不要过于仓促，也不要和

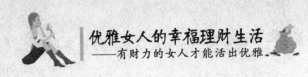

第一家为你推荐服务的保险公司签合同。你应该多联系几家保险公司，对比这些公司的业绩和所能提供的服务。查看这些公司可以为你的财产带来的保障，核实这些公司所叙述的服务均已包括在合同的条款中。如果你有一个或者几个地方不太明白的话，不要犹豫，赶紧咨询清楚，做到心中有数，不要只听保险公司的一面之词，一定要亲自核实你所需要的服务都已经在合同中注明。因为保险推销员所说的话是空口无凭的，只有书面的东西才具有效力。

那么，家庭购买保险都要遵循哪些基本原则呢？

1. 了解保险公司

保险公司是经营风险的金融企业，分为采取股份有限公司和国有独资公司两种形式，除了分立、合并外，都不允许解散，所以，大可放下门第之见入保险，但重点要看公司的条款是否适合自己，售后服务是否值得信赖。

2. 量入为主买保险

作为一个理智的现代女性，应该根据自身的年龄、职业、收入等实际情况，力所能及地适当购买人身保险，既要使经济上有能力长时期负担，又能得到应有的保障。

有的女性为自己投保了数份保险，其年缴保费常常在几千元甚至万元以上。而生活经验告诉我们，一个人的经济收入受到很多因素的影响，很难维持一成不变的水平。对于年轻女性而言，其收入多半不稳定，一旦将来经济收入情况变差，就很难继续缴纳高额的保险费，到时如果退保就会造成损失，不退保又实在难以维持，处于两难的境地。

此外，大多数女性也不会希望以发生意外来领取赔偿金致富，因此我们有保险的需求，但是并不需要花太多的钱买保险。

3. 家庭优先，父母优先

保险应该为家里最重要的人买，这个人应是家庭的经济支柱。比如说，现在 30、40 岁左右的人，上有老下有小，是最应该买保险的人。因为他们一旦有意外，对家庭经济基础的打击是最大的，尤其是对一些家庭理财计划较为激进的人来说，更是如此。比如说，如果一个家庭有 30 万的房贷，则购买保险金额至少有 30 万的死亡及意外险是合适的。万一有什么意外，可以由保险来支付余下的房贷，不至于使家庭其他成员由于没有支付能力而流离失所。有的家庭因为为孩子的将来担忧，为孩子买了大量保险，其实是不合适的。一旦家里主要的经济来源出了问题，为孩子买了再多保险也于事无补。

4. 保障类优先

在选择保险品种时，应该先选择终身寿险或定期寿险，前者会贵一些，主要是为避遗产税，后者一般买到 55－60 岁左右，主要是为了保证家庭其他成员，尤其是孩子，在家庭主要收入者有所意外而自己仍没有独立生活能力时，仍能维持生活。通常而言，一个城市的三口之家，根据家庭主要收入者所负责任及生活开销，保额在 50 万左右较合适。在寿险之外，家庭要考虑意外、健康、医疗等险种，通常健康大病保额在 10－20 万间。总体而言，寿险及意外的保额以 5 年的生活费加上负债较为合适。如果条件允许，还可以再买一点储蓄理财类保险，如子女教育，或养老、分红类保险。

5. 年轻者以保障类为主，而年长者以储蓄类为主

对一些年轻人而言，由于消费意愿较强，也可以买一些分红型的养老险，作为强制性的储蓄，尤其是在利率有上调预期的情况下，分红险可以部分对抗利率上升的风险。不过，总体而言，保险只是为了应付一些意外情况，不是储蓄，更不是投资，不需要投入太多。一般而言，保费不能超过家庭年收入的 10%。

保险的基本原理是大家出钱，个别遭遇小概率事件的人获得补偿。保险只是主要为了应付生活中的一些风险（不确定性），如大病、意外伤残、死亡等，没有保值增值功能（分红性保险除外，但

它不是纯粹意义上的保险）。因此，投资人在保险外，需要投资一些有保值增值功能的资产，如债券、股票、基金等。其实，还有很多资产类型可选择，如房地产、私人公司、商品期货、外汇等，但是，这些投资工具所需的专业性较强，有的风险也较大，不适合大多数投资人。

外汇：让钱生出更多钱

外汇及汇率

一、外汇的含义

外汇的概念具有双重含义，即有动态和静态之分。

外汇的动态概念，是指把一个国家的货币兑换成另外一个国家的货币，借以清偿国际间债权、债务关系的一种专门性的经营活动。它是国际间汇兑（Foreign Exchange）的简称。

外汇的静态概念，是指以外国货币表示的可用于国际之间结算的支付手段。国际货币基金组织的解释为："外汇是货币行政当局（中央银行、货币管理机构、外汇平准基金组织和财政部）以银行存款、财政部国库券、长短期政府债券等形式保有的、在国际收支逆差时可以使用的债权"。按照我国1997年1月修正颁布的《外汇管理条例》规定：外汇，是指下列以外币表示的可以用作国际清偿的支付手段和资产：

（1）外国货币，包括纸币、铸币

（2）外币支付凭证，包括票据、银行存款凭证、公司债券、股票等

（3）外币有价证券，包括政府债券、公司债券、股票等

（4）特别提款权、欧洲货币单位

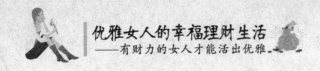

（5）其他外汇资产

人们通常所说的外汇，一般都是就其静态意义而言。

二、外汇的种类

1. 自由外汇：不需要经货币发行国批准，就可以兑换其他国货币或向第三国支付。国际货币基金组织规定自由兑换条件为：

（1）经常项目资金无限制；

（2）实行单一汇率；

（3）在其他国要求下有责任以对方可接受的货币或黄金回购对方在经常项目下积存的本币。

2. 记账外汇：未经过货币发行国批准，不能自由兑换。经双方政府协商开立银行账户，记载使用的外汇。

外汇汇率是一国货币换成另一个国家货币的比率、比价或价格。汇率实际上是把一种货币单位表示的价格"翻译"成用另一种货币表示的价格。从而为比较进口商品和出口商品、贸易商品和非贸易商品的成本与价格提供了基础。汇率之所以重要，首先是因为汇率将同一种商品的国内价格与国外价格联系在了起来。

对于一个中国人来讲，美国商品的人民币价格是由两个因素的互相作用决定的：（1）美国商品以美元计算的价格；（2）美元对人民币的汇率。

因此当一个国家的货币升值时，该国商品在国外就变得较为昂贵，而外国商品在该国则变得较为便宜。反之，当一国货币贬值时，该国商品在国外就变得较为便宜，而外国商品在该国就变得较为昂贵。

三、汇率的标价方式

汇率的标价方式分为两种：直接标价法和间接标价法。外汇市场上的报价一般为双向报价，即由报价方同时报出自己的买入价和卖出价，由客户自行决定买卖方向。买入价和卖出价的价差越小，对于投资者来说意味着成本越小。

（1）直接标价法

直接标价法，又叫应付标价法，是以一定单位的外国货币为标准来计算应付出多少单位本国货币。这相当于计算购买一定单位外币应付多少本币，所以叫应付标价法。在国际外汇市场上，日元、瑞士法郎、加元等均为直接标价法。比如，日元119.05表示1美元兑换119.05日元。

在直接标价法下，若一定单位的外币折合的本币数额多于前期，则说明外币币值上升或本币币值下跌，叫做外汇汇率上升；反之，如果用比原来较少的本币即能兑换到同一数额的外币，这说明外币币值下跌或本币币值上升，叫做外汇汇率下跌。

（2）间接标价法

间接标价法，又称应收标价法。它是以一定单位的本国货币为标准，来计算应收若干单位的外国货币。在国际外汇市场上，欧元、英镑、澳元等均为间接标价法。如欧元0.9705即1欧元兑换0.9705美元。

在间接标价法中，本国货币的数额保持不变，外国货币的数额随着本国货币币值的对比变化而变动。如果一定数额的本币能兑换的外币数额比前期少，这表明外币币值上升或本币币值下降，即外汇汇率上升；反之，如果一定数额的本币能兑换的外币数额比前期多，则说明外币币值下降或本币币值上升，即外汇汇率下跌。

四、汇率分析

汇率分析的方法主要有两种：基础分析和技术分析。基础分析是对影响外汇汇率的基本因素进行分析，基本因素主要包括各国经济发展水平与状况，世界、地区与各国政治情况，市场预期等。技术分析是借助心理学、统计学等学科的研究方法和手段，通过对以往汇率的研究，预测出汇率的未来走势。

在外汇分析中，基本不考虑成交量的影响，即没有价量配合，这

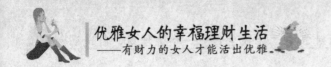

是外汇汇率技术分析与股票价格技术分析的显著区别之一。因为，国际外汇市场是开放和无形的市场，先进的通信工具使全球的外汇市场联成一体，市场的参与者可以在世界各地进行交易（除了外汇期货外），某一时段的外汇交易量无法精确统计。

怎样合法获得外汇

A、B 股的价格存在着巨大的差异，B 股以其较低的市盈率和价格受到了广大投资者的青睐。国内投资者想要加入 B 股投资的队伍，首先须合法持有外汇。国内居民合法取得外汇，有如下渠道：

1. 专利、版权

居民将属于个人的专利、版权许可或转让给非居民而取得的外汇；

2. 稿酬

居民个人在境外发表文章、出版书籍获得的外汇稿酬；

3. 咨询费

居民个人为境外提供法律、会计、管理等咨询服务而取得的外汇；

4. 保险金

居民个人从境外保险公司获得的赔偿性外汇；

5. 利润、红利

居民个人对外直接投资的收益及持有外币有价证券而取得的红利；

6. 利息

居民个人境外存款利息及因持有境外外币或有价证券而取得的利息收入；

7. 年金、退休金

居民个人从境外获得的外汇年金、退休金；

8. 雇员报酬

居民个人为非居民提供劳务所取得的外汇；

9. 遗产

居民个人继承非居民的遗产所取得的外汇；

10. 赡家款

居民个人接受境外亲属提供的用以赡养亲属的外汇；

11. 捐赠

居民个人接受境外无偿提供的捐赠、礼赠；

12. 居民个人从境外调回的、经国内境外投资有关主管部门批准的各类直接投资或间接投资的本金

值得提醒注意的是，国内居民如果投资 B 股，必须将外汇汇到证券公司指定的银行保证金账户内。投资者切不可太过心急，而到黑市非法换汇。那里陷阱多多，投资者很容易上当受骗。

外汇交易指南

不对外汇的形式做详细的了解，也没有做好充分的心理准备，只是一心想着赚大钱，如果你是抱着这种态度来对待外汇的话，恐怕早晚要吃亏。因为做外汇也需要投资者事先对外汇有一定的了解，炒外汇也需要一定的专业知识。

汇市投资者一定要耐心学习，循序渐进，不要急于开立真实交易账户，可先使用模拟账户进行模拟交易。在模拟的学习过程中，你的任务就是要找到属于你自己的操作风格与策略。当你的获益几率日益提高，就可以开立真实的交易账户进行外汇交易了。在做模拟的时候也要以真实交易的心态去对待，因为这样最容易了解自身状况，也可

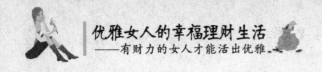

以快速找出可应用于真实交易的投资技巧。

外汇市场是经营外汇业务的银行、各种金融机构以及个人进行外汇买卖和调剂外汇余缺的交易场所。从全球角度看，外汇市场是一个国际市场，它不仅没有空间上的限制，也不受交易时间的限制，各国外汇市场之间已经形成了一个高度发达、迅速而又便捷的通讯空间网络。

目前，世界上大约有30多个主要的外汇市场，遍布于世界各大洲不同国家和地区。根据传统的地域划分，可以分为亚洲、欧洲、北美洲等三大部分，其中最重要的有欧洲的伦敦、法兰克福和巴黎，美洲的纽约和洛杉矶，澳洲的悉尼，亚洲的东京、新加坡和香港等。每个市场都有其特点，但所有市场都有共性。

各个市场被距离和时间所间隔，它们敏感地相互影响又各自独立。一个中心每天营业结束后，就把订单传递给别的中心，有时就为下一个市场的开盘定下了基调。这些外汇市场以其所在的城市为中心，辐射周边的其他国家和地区。由于所处的时区不同，各外汇市场在营业时间上此开彼关。它们之间通过先进的通讯设备和计算机网络连成一体。市场参与者可以在世界各地进行交易，外汇资金流动顺畅，市场间的汇率差异极小，形成了全球一体化运作、全天候运行的统一的国际外汇市场。

在我们的身边要说某人炒股，人们会感到非常平常，但要说某人炒汇就会让人多少感到有些新鲜了。但是进入21世纪以来，特别是借助着互联网技术的快速发展，使得个人投资者进入外汇市场成为可能，这也进一步推动外汇交易成为全球投资的新热点。

在外汇交易中，一般存在着即期外汇交易、远期外汇交易、外汇期货交易以及外汇期权交易等四种交易方式。

1. 即期外汇交易

即期外汇交易又称为现货交易或现期交易，是指外汇买卖成交后，交易双方于当天或两个交易日内办理交割手续的一种交易行为。即期外汇交易是外汇市场上最常用的一种交易方式，即期外汇交易占外汇交易总额的大部分，主要是因为即期外汇买卖不但可以满足买方临时性的付款需要，也可以帮助买卖双方调整外汇头寸的货币比例，以避免外汇汇率风险。

2. 远期外汇交易

远期外汇交易跟即期外汇交易相区别，是指市场交易主体在成交后，按照远期合同规定，在未来（一般在成交日后的 3 个营业日之后）按规定的日期交易的外汇交易。远期外汇交易是有效的外汇市场中必不可少的组成部分。20 世纪 70 年代初期，国际范围内的汇率体制从固定汇率为主导向转以浮动汇率为主，汇率波动加剧，金融市场蓬勃发展，从而推动了远期外汇市场的发展。

3. 外汇期货交易

随着期货交易市场的发展，原来作为商品交易媒体的货币（外汇）也成为期货交易的对象。外汇期货交易就是指外汇买卖双方于将来时间（未来某日），以在有组织的交易所内公开叫价（类似于拍卖）确定的价格，买入或卖出某一标准数量的特定货币的交易活动。其中标准数量指特定货币（如英镑）的每份期货交易合同的数量是相同的。特定货币指在合同条款中规定的交易货币的具体类型，如 3 个月的日元。

4. 外汇期权交易

外汇期权是指交易的一方（期权的持有者）拥有合约的权利，并可以决定是否执行（交割）合约。如果愿意的话，合约的买方（持有者）可以听任期权到期而不进行交割。卖方毫无权利决定合同是否交割。

另外，随着外汇市场的发展，进行外汇交易的门槛也越来越低，一些引领行业的外汇交易平台只需要 250 美元就可开始交易，也有一

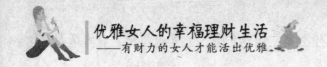

些交易商需要 500 美元就可以开始交易，这便在某种程度上大大方便了普通投资者的进入。对于一些想投资外汇市场的朋友来说，一般可以通过以下三个交易途径进行外汇交易。

1. 通过银行进行交易

通过中国银行、交通银行、建设银行或招商银行等国内有外汇交易柜台的银行进行交易。这种交易途径的时间是周一至周五。交易方式为实盘买卖和电话交易，也可挂单买卖。

2. 通过境外金融机构在境外银行交易

这种交易途径的时间为周一至周六上午，每天 24 小时。交易方式为保证金制交易，通过电话进行交易（免费国际长途），可挂单买卖。

3. 通过互联网交易

这种交易途径的时间为周一至周六上午，每天 24 小时。交易方式为保证金制交易，通过互联网进行交易，可挂单买卖。

需要注意的是，网上外汇交易平台上的交易都是利用外汇保证金的制度进行投资的，也是绝大多数汇民采取的交易途径。在外汇保证金交易中，集团或是交易商会提供一定程度的信贷额给客户进行投资。如客户要买一手 10 万欧元，他只要给 1 万欧元的押金就可以进行这项交易了。当然客户愿意多投入资金也可以，集团和交易商只是要求客户做这项投资时把账户内的资金维持在 1 万欧元这个下限之上，这个最少的维持交易的押金就是保证金。在保证金的制度下，相同的资金可以比传统投资获得相对多的投资机会，获利和亏损的金额也相对扩大。如果利用这种杠杆式的操作，更灵活地运用各种投资策略，可以以小搏大、四两拨千斤。

在保证金制度下，因为资金少于投资总值，所以不会积压资金、不怕套牢、可买升或跌相向获利。除了周六、日外，外汇市场一个时区接着另一个时区，全天候 24 小时运作。另外手续费低，少于五千分一的手续费使获利机会更高。

如何判别外汇走势

影响外汇市场汇率变化的因素非常复杂，最基本因素主要有以下四种：

1. 国际收支及外汇储备

所谓国际收支就是一个国家的货币收入总额与付给其他国家的货币支出总额的对比。如果货币收入总额大于支出总额，便会出现国际收支顺差，反之，则是国际收支逆差。国际收支状况对一国汇率的变动能产生直接的影响。发生国际收支顺差，会使该国货币对外汇率上升，反之，该国货币汇率下跌。

2. 利率

利率作为一国借贷状况的基本反映，对汇率波动起决定性作用。利率水平直接对国际间的资本流动产生影响，高利率国家发生资本流入，低利率国家则发生资本外流，资本流动会造成外汇市场供求关系的变化，从而对外汇汇率的波动产生影响。一般而言，一国利率提高，将导致该国货币升值，反之，该国货币贬值。

3. 通货膨胀

一般而言，通货膨胀会导致本国货币汇率下跌，通货膨胀的缓解会使汇率上浮。通货膨胀影响本币的价值和购买力，会引发出口商品竞争力减弱、进口商品增加，还会引发对外汇市场产生心理影响，削弱本币在国际市场上的信用地位。这三方面的影响都会导致本币贬值。

4. 政治局势

一国及国际间的政治局势的变化，都会对外汇市场产生影响。政治局势的变化一般包括政治冲突、军事冲突、选举和政权更迭等，这

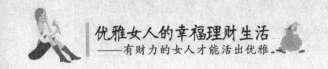
些政治因素对汇率的影响有时很大，但影响时限一般都很短。

经济新闻影响着汇市的波动。其中美国政府公布的关于每月或每季度美国经济统计数据的作用最大，其主要原因是美元是外汇市场交易的最重要的货币。从传统数据的内容来看，按影响作用大小排列可分为利率变化、就业人数的增减、国民生产总值等。在各种经济数据中，各国关于利率的调整以及政府的货币政策动向无疑是最重要的。

如何规避外汇投资的风险

投资者决定投资外汇市场，应该仔细考虑投资目标、经验水平和承担风险的能力。在外汇市场上遭受一部分或全部初始投资的损失的可能性是存在的，因此不应该以不能全部损失的资金来投资，并且还应该留意所有与外汇投资相关的风险。否则，不控制风险，随意操作，要想从外汇市场上赚钱简直就是天方夜谭。要控制风险就要做好投资计划，设好止损点，坚持操作纪律，顺势而为，巧妙解套。

1. 不要过量交易

要成为成功的投资者，其中一项原则是随时保持 2 - 3 倍以上的资金以应付价位的波动。假如你的资金不充足，就应减少手上所持的买卖合约，否则就可能因资金不足而被迫"斩仓"以腾出资金来，纵然事后证明眼光准确也无济于事。

2. 善于等待机会

投资者并非每天均须入市。初入行者往往热衷于入市买卖，但成功的投资者则会等待机会，当他入市后，感到疑惑或不能肯定时亦会先行离市，暂抱观望态度。

3. 不要为几个点而耽误事

外汇买卖中，获利时不要盲目追求整数。在实际操作时，有的人在建立头寸后，给自己定下一个盈利目标，比如要赚够 200 美元再离开，总在等待这一时刻的到来。盈利后，有时价格已接近目标，此时获利平盘的机会很好，只是还差几个点未到位，本来可以平盘收钱，却碍于原来的目标在等待中错过了最好的价位，坐失良机。

4. 不要期待最低价位

一般来说，当人们见到了高价之后，当市场回落时，对出现的新低价会感到相当的不习惯，但是纵然各种分析显示后市将会再跌，市场投资气候十分恶劣，但投资者在这些新低价位水平前，非但不会把自己所持的外汇售出，还会觉得价格很低而有买入的冲动，结果买入后便被牢牢地套住了。

5. 关注盘局中的机会

盘局指市价波动幅度狭窄，买卖力量势均力敌，暂时处于交锋拉锯状态的情况。无论上升行情中的盘局还是下跌行情中的盘局，一旦盘局结束，突破阻力位或支撑位，市价就会破关而成突破式前进。对于有经验的投资者，这是入市建立头寸的良好时机。如果盘局属于长期关口，突破盘局时所建立的头寸所获必丰。

6. 建仓资金需留有余地

外汇投资，特别是外汇保证金交易的投资，由于采用杠杆式的交易，资金放大了很多倍，资金管理就显得非常重要了。满仓交易和重仓交易者实际上都是赌博，最终必将被市场所淘汰。所以，外汇建仓资金一定要留有余地。

7. 交叉盘不是解套的"万能钥匙"

做交叉盘是外汇市场上实盘投资者经常使用的一种解套方法，在直盘交易被套牢的情况下，很多投资者不愿意止损，而选择交叉盘进行解套操作。

交叉盘，也就是不含美元报价的货币对，比如欧元/英镑、英镑/

日元等都是交叉盘，平时多数投资者都喜欢看直盘，其实交叉盘上机会也有很多，尤其是在套牢时，转做交叉盘会更灵活一些。如果投资者做多欧元/美元被套，那他可以考虑做交叉盘来解套，方法是将头寸转换到比欧元强势的货币上，比如在欧元/英镑中，欧元在跌，英镑在涨，那么就可以转换为英镑，以此类推，可以转换为日元、澳元等，待获利后再转向欧元，持有欧元数量增加，则视为成功的交易。

通常情况下，交叉盘的波动幅度都要大于直盘，走势相对也比较简单明快，转做交叉盘常常会有出人意料的收获。当然，交叉盘尽管波幅大，机会多，但风险同样很大。

8. 急升时不宜贸然跟进

在外汇市场上，价格的急升或急跌都不会像一条直线似的上升或下跌，升得过急总会调整，跌得过猛也要反弹。调整或反弹的幅度比较复杂，并不容易掌握，因此在汇率急升二三百点或五六百点之后要格外小心，宁可观望，也不宜贸然跟进。

9. 市场逆价，立即斩仓

有时随市进行买卖，但入市时已经接近尾声，这时就要注意，一旦发生逆转，见势不对，就要反戈一击。例如，在多头市场买入后，随即市场回档急跌。当时不要惊慌，最好反思一下。如能认定目前是逆转势，就要立即斩仓，反戈一击。

房产：小康家庭资市运作的最佳选择

租房

对于大多数女性朋友来说，买一套属于自己的住房是人生中很重要的一件事，拥有自己的住房可以使自己和家人具有安全感和归宿感。于是，我国出现了一批又一批"房奴"，但一个真正懂得投资理财的女人，绝不会盲目地去做"房奴"，而是要综合权衡，根据自身的实际情况，在购房时保持一份理性。

对于租房还是卖房，也许很多人会以为这并不是太大的问题，这取决于自己的经济状况。也就是说，大部分人认为只要有经济负担能力就可以买房，而不需要租房。其实这样的观念，在一定的程度上是狭隘而闭塞的。让我们先来看一看租房和买房的区别。

租房的优点：

1. 灵活机动

租房比起拥有房子更加方便。不管你是换了一份工作，还是想换一个环境生活，你都可以换一个地方租房子。这几乎是不需要什么成本的。对于那些刚刚完成学业参加工作，或者刚刚开始创业的人来说，租房往往是更好的选择。因为他们往往并不是非常稳定，而拥有了自己的房子在很大程度上限制了自己的计划。

2. 负担更小，风险更小

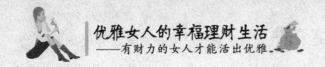

租房通常不用担心昂贵的房价，虽然房价上涨也会使得房租上涨，但是相对而言，租房经济压力更小，租房通常只要支付一部份押金就可以入住，相比买房一大笔首付而言，负担小了很多。

对于租房而言，虽然租的房子不是自己的，但是它却直接决定着我们的生活质量。所以我们有必要花一点时间去分析我们租房的问题。

公寓是最常见的出租住房类型，从各种生活设施齐全，现代豪华的单元公寓，到地理位置相对僻静的单独的一居和两居公寓，类型又各不相同。我们可以在网络或者中介机构得到各种房屋出租的信息。在做决定之前我们应该考虑很多因素。

1. 地址

这是最应该考虑的，交通便利是首选条件，但是市中心寸土寸金，每月租金价格奇高无比，如果选择偏远的地区，交通不便也会影响正常的生活水平。

2. 环境

住宅停车设施和娱乐体育设施等，建筑的安全性如何，维修是否方便、电梯运行状况、邮箱远近等。

3. 房间布局和家电配置

橱柜、地毯和电器是否齐全，通水顺畅状况，房间大小，门锁和窗户等都要引起注意。

4. 经济因素

租金、租期、押金、公用事业以及其他成本。

一般签订租赁和约时，通常需要交纳押金。房东需要押金的原因通常是为了弥补租约期间可能发生的损失，押金通常相当于三个月的房租。作为承租人，除了需要交月租金还必须承担其他生活支出。比如说水、电、气、物业管理费等。另外，如果你租了一间房子，你应该购买个人财产保险，这在目前的还不多，但应该引起注意。

房租也是一笔不小的开支，而且不像其他的支出费用可以视情况做出调整更改，现金的支付是每月或每季度必须的支出，所以一定要考虑个人每月收入，一般来说，每月租金不应超过月收入的1/3，否则就会影响到正常的生活水平。

租房一般要签订租约，是定义承租协议的各项条款的法律文书，租约应该具备以下信息：

（1）对房产的描述，其中包括房产地址；

（2）房屋所有人的姓名和住址；

（3）承租人的姓名；

（4）租约的日期；

（5）押金金额；

（6）月租金的金额和缴款日；

（7）租金未及时支付的滞纳金和缴纳滞纳金的日期；

（8）租金包括的公共设备、家用电器、家具和其他设备；

（9）一些活动的限制，如不能养宠物或者不得装修等等。

当然这只是一般包括的内容，具体的条款可以双方协商而定。总结而言，租房的时候应该实地勘察，包括采光、是否安静、周边交通状况、周边配套设施等，重要的是查看水电、厨卫等日常设施是否完好，必须把家电都试用一遍以检查是否完好。这些因素是和我们的生活息息相关的，如果出现差错，将给我们工作和生活带来诸多问题。

在签订合同之前，还需要把权利和义务分清，以免产生不必要的纠纷。主要项目在此就不作罗列。如果是合租，一定要互相留下身份证、工作证等复印件以及联系电话，协商好物业管理、水、电、煤气、电话费用的分担问题，最好以书面形式明示。

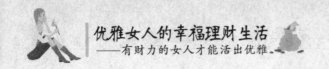

谨慎买房

　　房产投资需要新的投资策略，通常房地产被视为保守性的商品。至少在改建风潮盛行之际，一般人的看法还是如此。虽然要花费大笔资金，但买了放着总有一天会涨，这就是房地产仍能维持"不败神话"的优势。只要自己不心生动摇，就绝对不会有损失。不过，这个神话可能即将破灭。因为如今只有地段好的地方才有增值的空间，也就是所谓的差别行情。过去"什么都别问，买就对了"的高获利时代已经过去，如果选错了，不仅卖不掉，还有可能沦为亏老本的烫手山芋。

　　没错，现在买房尤其更需谨慎。据有关数据统计，现在房价的上涨幅度已经远远超过了我们收入的增长幅度。对于工薪阶层而言，如果要靠薪资购买首套住房，可能需要不吃不喝20年才能筹备完购买房子的资金。显然，对于大多数人而言，一下筹备如此数额巨大的资金是不现实的，如果购房的时候只准备20%的首付款，然后再加上每月支付的贷款利息，这样的负担对很多上班族而言，将造成沉重的财务负担。期间，如果更换工作或收入中断，将面临非常严重的资金问题。由此可见，对大多数人而言，购房压力可想而知。

　　对于年轻人而言，现在，买房不是件容易事儿。不少开发商在房地产广告宣传、房产合同中存在着虚假、夸大甚至严重违法等种种陷阱。消费者要想在购房时不被揩油不受骗上当，以下问题尤其要引起注意：

　　1. 摸清开发商背景

　　购房者在购房前要查清开发商的背景、主管部门、注册资金及建设部门颁发的房地产开发资格证书等情况。许多房地产公司虽然挂的是国有或合资的大招牌，但实际上是个人所有或个人承包，完全靠购房者预付的购房款完成楼盘开发。

2. 看准地段旺与偏

购房时不要受广告诱惑，要实地考察，同时还要有发展的眼光，更要到国土部门了解城市的规划。有些地段目前较偏，但随着城市的发展，其繁华可能只需两三年的时间；有的地段当时很旺，但未来可能因为一个立交桥便使其优势不复存在。通常开发商为吸引购房者，往往把自己的地段位置说得过于优越。

3. 小心报价有虚实

开发商往往在广告显眼位置标上一个令人心动的价格，而在角落里注明"价格不包括审批费、配套费、绿化费等"。就这一个"等"字内涵丰富，令不少预付购房款的人始料未及，结果实际支付的款项大大超出购房预算。购房者在购房时应切记：一般房价不包括公证费、《土地使用权证》和《房屋使用权证》的工本费、管理费、土地合作费等费用。

4. 产权证件要齐全

《国有土地使用权证》、《建设用地规划许可证》以及《商品房预售许可证》这3个证件是办理产权证的必要条件，缺一不可。因此购房者在购房前必须查看房地产开发公司的这3个证件是否齐全，否则，买了房有可能拿不到产权证。

5. 交房期限含五通

购房者在签订购房合同时，一是要写明交房日期，同时注明通电、通气、通车、通水、通邮等条件，要明确双方违约责任，避免日后不必要的麻烦。

6. 防备规划藏误差

按规定，房屋间距与房屋高度比例最低是1∶1，因为房子的间距

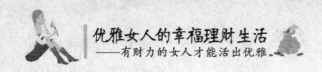

直接影响着居室采光、通风、视野和绿化。而有的房地产公司为减少成本，追求利润，随意缩小房子的间距，给购房者的居住带来不应有的烦恼，同时也会使得房产的品质和内在价值降低。

7. 物业收费合理，服务到位

买房时购房者一定要问问，物业公司是否进入了项目，何时进入项目。一般来说，物业公司介入项目越早，买房者受益越大。

若在住宅销售阶段物业公司还没有介入，开发商在物业管理方面做出许多不现实、不合理的承诺，如物业费如何低，服务如何多等，待物业公司一核算，成本根本达不到，承诺化为泡影，购房者就会有吃亏上当的感觉。

其实，一些开发商将低物业收费作为卖点实在没有什么可信度，因为物业收费与开发商根本没有什么太大关系。项目开发、销售完毕，开发商就拔营起寨、拍拍屁股走人了，住户将来长期面对的是物业管理公司，物业管理是一种长期的经营行为，如果物业收费无法维持日常开销，或是没有利润，物业公司也不肯干。

此外，现在居高不下的房价是很多人将目光投向了二手房市场，选购二手房除了注意房屋的产权、质量、物业管理、单价、交通位置、周边环境、升值空间等因素外，如果二手房的买卖是通过中介进行的，还需要对所经手的中介资质进行全面核查。下面先教给大家如何辨别中介公司的等级和真伪。

1. 查看中介公司是否有明确的公司名称、长期经营的地址。

2. 查看中介公司营业执照以确定该公司的营业资质。

3. 查看中介公司营业执照确定它的注册资金。中介公司注册资金不能低于买卖一套房子的价格。中介公司为品牌公司，拥有良好的诚信，一旦发生纠纷，作为消费者的客户能得到妥善解决。

4. 查看该中介公司是否拥有合法的房地产经纪人资质的从业人员，是否是有房地产经纪人资格的业务员在为你提供中介服务。

5. 查看该中介公司与你签订的居间合同是否经过备案。

从上面几条，我们可以看到房屋中介公司的情况，二手房交易一定先找好一家可靠的中介机构。

无论是一手房，还是二手房而言，买房置业是一笔巨大的开销，特别是在房价不菲的一、二线城市。对处在事业起步阶段的年轻人来讲，即便已经拥有一定的经济实力，贷款买房前也要慎重衡量自身的还款能力，对于购房者来说，想要在贷款购房的同时保证生活质量，其月供额度一般不宜超过其收入的一半。

具体到个人来说，一般月收入在 5000 元左右的首次置业者，月供不宜超过 3000 元；月收入在 8000 元左右的，月供一般控制在 4000 - 5000 元之间。

包括房贷在内，个人及家庭的整体消费中，负债比例不宜超过 50％。此外，对于首次置业需要支付的三成首付，有经济实力的购房者如果没有其他收益稳健的投资渠道，可以选择多付一些首付款，一来可以节省需要偿还的房贷本金，二来可以节省累计的利息支出。

因此，对如何还贷省钱，根据不同人群，人们可以采取以下几种不同的还贷方法。

1. 固定利率

其最大的好处在于提前锁定利率变动，为贷款者减少因加息带来的还款压力。不论贷款期内市场利率如何变动，借款人都可以按照固定利率支付利息，从而就不会有"加息一次，头疼一次"的痛苦了。

2. 等额本息还款

借款人以每月相等的金额偿还贷款本息，不但便于自身还款，同时如果房贷者有余钱的话，还可以合理安排其他投资项目。

3. 等额本金还款

这种还贷方式有利于提前还款，而且还会节省些许利息，随着时间的推移，越到最后还款会越轻松。

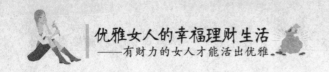
住房公积金贷款购房策略

在职人士缴纳的个人住房公积金，是一项强制缴存、统一存储、专项使用的长期住房储金，由员工和其所在单位缴存两部分组成，属于个人所有。如何用好、用活自己的公积金，并且最大化地转化为实实在在的财富，充分体现了一个人的理财能力。

公积金具备低利率、低首付、借款人申请年龄相对放宽、还款方式自由、交易流程提速等优势。目前来看，越来越多的公司、企业都会为员工缴纳公积金，不论是什么阶层的房贷者都比较适用公积金。

个人住房公积金的理财管理，与家庭收入、消费结构、储蓄投资、购房计划、子女教育、养老安排等家庭规划是一个有机的整体，公积金缴存者只有在熟悉、了解和掌握公积金政策的前提下，结合自己和家庭财务收支状况，对家庭全体成员的公积金账户进行通盘规划和合理安排，在政策允许的空间内，以达到公积金理财收益最大化。

现在，由于社会的需要和自身的某些原因，我们都会频繁地变换工作。但有一点你一定要谨记：在跳槽、换岗时，你应该时刻注意保护自己的"公积金"。签订劳动合同时，你可以要求企业为其缴纳公积金。当变动工作时，住房公积金本息应转入新调入的单位职工公积金账户下，员工住房公积金账号也作相应调整。这样，你才能充分享受到公积金给你带来的无形"财富"。

以一个新参加工作的大学生为例，23岁，月工资2000元，年增长8%，按目前政策规定的月缴交额占工资比例14%（个人、单位各7%）测算，到60岁时，其公积金账户积累可达68万元；如若同时参加补充公积金缴存计划，每月按最高缴存比例16%缴交，则其一生的公积金积累可达 146 万元。

由此可见，公积金理财的重要性是不言而喻的。住房公积金是我国城镇职工和单位按照法律规定缴存的一项长期住房储金，公积金制度是我国城镇住房制度改革的产物，它的主要特点是，强制缴交、政策优惠、低存低贷、产权明晰。就一个公积金缴交人来说，贷款期限通常长达 10～30 年，纯积累性的缴存储蓄时间一般仅为 3～5 年，储蓄期的存款利息损失完全可以通过长期贷款的利息优惠以数十倍地得到补偿，这就是公积金低存低贷规则赖以存在的福利原理基础。

在理财意义上，公积金理财与其他投资理财、省钱和赚钱的功效是同等的。希望大家能够树立公积金理财的意识，重视自己的公积金缴交、运用和账户积累，将公积金的储蓄积累、购房融资、养老金补充等，最大化地发挥其效用。

个人住房贷款利率提高后，个人住房公积金贷款利率也随之微幅上调。个人住房公积金贷款利率上调 0.18 个百分点，5 年（含）以下贷款年利率为 3.96%；5 年以上贷款年利率为 4.41%。但这与同期商业性房贷下限 5.51% 相比，5 年以上公积金贷款的年利率低 1.1 个百分点。利率虽然稍微做了点调整，但现实影响却是实实在在的。对于已经和还在继续缴存公积金、已买房和即将买房的市民来说，如何使用公积金和补充公积金是不得不学的一件大事，合理利用公积金其实也是一种聪明的理财之道。

2004 年底，供职于中山大学的卢霞将海珠区的一套小房子转手卖出，这套房子只有 57 平方米，是卢霞和丈夫于三年前用公积金买下的。夫妻俩用这套用作投资的房子小赚了一笔钱，便用这笔钱加上纯商业贷款在天河买了一套新房，由于卢霞当时申请的是商业贷款，就把公积金的事情遗忘了。

今年 7 月，公司财务人员将公积金对账单摆在卢霞眼前时，五位

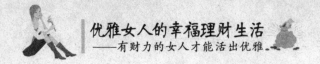

数的余额一下子刺激了卢霞的眼球。原来三年来在不知不觉中,自己手中的公积金却增加了不少!巧的是卢霞丈夫单位效益比较好,前些天单位缴纳补充公积金,这样一来,手头上的公积金余额更多。回家后卢霞急忙拉着丈夫拿出计算器,细细敲打了一番。

买第二套房子时,卢霞和丈夫按月(季)等额本息还款(也称等额还款法)向银行商业贷款12万元,贷款年限为五年。年利率为3.96%,则月供2279.16元,5年后还给银行的实际金额为136749.6元。当时,卢霞觉得若选择六年还款期,月供是1961.04元,那么到时候偿还银行的应为141194.88元,5年期的月供对夫妻俩近万元的收入来说负担不重,便尽量选择年限短的偿还期限。

目前广州住房公积金贷款个人最高额度为25万元,申请人为两个或两个以上的最高额度为50万元。卢霞上个月公积金汇储额为350元,住房公积金账户余额为10130元,离法定退休年龄还有19年;卢霞丈夫上个月公积金汇储额为420元,加上补充公积金,住房公积金账户余额为13100元,还有22年退休。

男方:(目前名下公积金本息余额+上月公积金汇储额×1.5×剩余退休年限×12月)×2倍=(13100+420×1.5×22×12)×2=358840(元);女方:(目前名下公积金本息余额+上月公积金汇储额×1.5×剩余退休年限×12月)×2倍=(10130+350×1.5×19×12)×2=259660(元);在理论上,夫妻可贷款数目之和最高可以贷款50万。更令卢霞高兴的是,她从广州市住房公积金管理中心网上下载的个人贷款利率显示,五年期限的个人住房公积金贷款利率和个人住房商业贷款利率相比,差了1.3%。用公积金贷款,月供为2207.76,五年算下来,比商业贷款少交4284元。

"能否改变之前与银行签订的贷款合同?将商业贷款改为公积金贷款?"这个念头在卢霞脑中蹦出,可惜贷款银行的答复让卢霞大失所望:"在商业贷款合同有效期内得按合同条约还款,不能更改。"卢霞看着对账单上的数字，有点无奈：难道就眼巴巴看着这个低息贷款的机会从手缝中溜走？"冲还贷！"卢霞突然灵机一动，既然无法改变已经和银行签订的合同，那么用公积金冲还贷，不也是一种省钱理财之道吗？

公积金冲还贷款分两种方式：借款人可选择月还款额不变、缩短原还款期限的方式，即为"余额冲贷法"；或者选择本金的冲还贷，则还款期限不变、减少月还款额的方式进行还贷，称为"逐月还款法"。

卢霞需每月商业贷款还款 2279.16 元，提取公积金为 1 万元，选择"余额冲贷法"，提取的公积金应首先归还当月住房贷款本息，剩余金额 7720.84 元可一次性冲还商业性住房贷款本金。而选择"逐月还款法"，每月等额还贷金额保持 2279.16 元不变，那么，提取的公积金 1 万元将每月连续扣除，余额不足时，借款人及时将足额款项注入用于还款的银行卡中即可。卢霞觉得，商业贷款利息高，选择后者可以减少利息支出，并且由于夫妻俩的工龄还较长，留部分账上公积金，以备不时之需。

于是，卢霞带上身份证和公积金对账单到银行办理提取公积金冲还贷。不过，卢霞也为今后再买房公积金贷款埋下了伏笔："我先生的公积金账户里面也有 1 万多元的公积金余额，我分文不动，就等今后再买房子的时候用他的账户去贷公积金，再次置业进行房产投资。"账上公积金被激活了，卢霞在与银行房贷部的人员交流中也了解了不少关于公积金的用法，从理财角度来说，公积金也是一种投资渠道：许多人提到公积金就想到公积金贷款，其实这是一个误区，公积金除用于贷款外，还可因为购房、建房、装修等事宜，将公积金这一"长期金融不动产"活用起来；但是，在现有资金充裕的情况下，不宜将住房公积金提取出来。

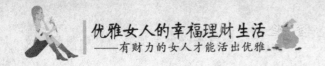
一些人把公积金提取出来之后，却又没有很好的投资去处，于是将其作为一年期的储蓄定期存款。这样一来，看起来是赚了，但实际上却是亏损的。因为不管是活期存款，还是一年期的定期储蓄存款，实际收益都低于公积金存款收益。因为住房公积金的年利率不仅要高于存款利率，且不征利息税。因此，要是不需要使用公积金储存额，应该让公积金年复一年地利滚利。

激活账上不动产，更利于个人和家庭的投资规划，利用不动产筑成投资渠道，生活也更多元化。

怎样让二手房卖个好价钱

时下在中介公司挂牌的二手房比比皆是，为了让住了十多年的老房子卖出或租出个好价钱，你可能要花点心思，把老房子再打扮一下。

用于出售或出租的旧房再装潢思路，自然不同于自住房，这需要来点换位思考，从购买方的角度考虑，这房子够这个价吗？

当你考虑出卖住宅时，有针对性地整修一新，确实能卖个好价钱。一般而言家庭再装潢有两种方式：一是将资金投入某些舒适的奢侈品，例如你梦寐以求的采暖地板；另一种是遵循实用主义的装潢原则，例如添一个节能热水器或修复漏雨的墙面。这两种思路的装潢对提高住宅的市价效果迥然不同。无关紧要的奢侈品投资一般无法收回。举个简单的例子，哪个房屋买家肯为浴室里新装的豪华电话埋单呢？

以下几个重新装修项目是最有可能获得高回报的：

1. 重新油漆

打算卖房子的话，粉刷一新的房屋在市场上更受欢迎。没有人想买看上去陈旧脏破的房子，而粉刷和油漆能弥补这一缺点。据统计，

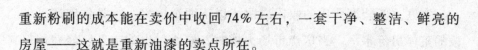

重新粉刷的成本能在卖价中收回74%左右，一套干净、整洁、鲜亮的房屋——这就是重新油漆的卖点所在。

2. 厨房的再装修

对大多数买家而言，厨房是住所的"心脏"。因此卖房前整修厨房可起到事半功倍之良效。需要做吊顶或油漆甚至重新铺地砖等基础工作。把油漆剥落并看上去脏乎乎的橱柜给换掉，花费不多，但会使厨房增色不少。需要注意的是如重新装修还是尽量采用传统的设计，这不易过时，并尽量使用国产名牌。这样既经得起岁月考验，又可以得到买主的认同。据统计，重新整修厨房的花销80%～87%能在房屋的卖价中得到补偿。

3. 创造新空间

依常理，增加房间空间的功能比简单地粉刷房间更有价值，开销也不大。例如，将房间里原有的三层阁改造成卧室的套间。通常改造费用的69%可得到补偿。

4. 增加一个盥洗室

在家里增添一个设施齐整的盥洗室——包括吊顶、洗脸盆、浴缸和淋浴设施等。出售住宅时81%的开销会得到补偿。

5. 安装宽敞的新窗户

据统计，用新型的标准尺寸的塑钢窗户替代老式的铁窗会使二手房卖出意想不到的好价钱。但是新装的窗户讲究的是标准尺寸而不是花哨的形状和样式。

6. 基础设施的维修和改进

基础设施的完善是房屋物有所值的保证。假设屋子里的厨房装修一新，非常漂亮，但水龙头是漏的，怎么可能卖出好价钱呢？因此，如果决定出售房屋的话，一定要先解决房子结构和配套系统的问题，虽然这些问题可能比较棘手或处理起来比较麻烦，但也必须先处理完毕。然后再动脑筋使其焕然一新，卖出个好价钱。

　　家庭重新装潢费用的收回取决于以下两个因素：一是住宅所处地段的整体房价水平。当房产市场火爆时，你所付出的重新装修费用轻而易举就挣回来了。二是重新装潢与卖出之间的时间差。装修一新而没有及时出手的住宅，装修费用的回收将大打折扣。因为装修风格随时间的推移很快就会过时。

黄金：投资黄金，巧用金子稳赚钱

黄金是低利时代夹缝中的投资宠儿

黄金原本是很生疏的投资商品，但现在却成了众人最感兴趣的商品。据分析，购买黄金的顾客有两种，一种是想将黄金当做个人安全资产操作的巨额购买户；另一种是想以少额费用尝试投资黄金的一般户。

黄金理财成了低利率时代夹缝中的投资宠儿，虽然是属于比较陌生的投资商品，但投资人对黄金的关注，却比过去任何时候都高。特别是习惯将黄金、宝石佩戴在身上当饰品的女性顾客暴增，一般来说，他们对金价较为了解，因此也主导了整个黄金消费市场。同时又加上黄金理财成为新兴商品这样的时代背景，让投资黄金的优点也随之水涨船高。"真的不行，至少可以留给子女啊！"于是觉得投资黄金绝不吃亏的主妇大军也大举来袭。

由此，一段时间以来，个人投资黄金温度渐起，"炒金去！"似成目前投资新动向。的确，中国个人黄金投资从 2002 年上海黄金交易所正式成立后第一款黄金产品投入市场开始，启动只有两年时间，在经过一段时间的预热期和市场培养之后，个人黄金投资的热度在今年提升明显，而其中表现出的一些非理性投资冲动现象需要引起我们高度的关注。

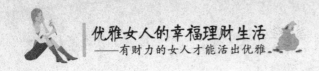

在个人投资黄金热潮从口号开始变成现实的情形下，一些人甚至断言"目前已到了投资黄金的最佳时期"，他们举证说，"断货"、"推出即售罄"的旺盛交投现象现在很多。可是，在综观市场内外之后，我们认为，这样的结论还有待商榷。

首先，从战略角度来说，目前的黄金市场的确是进入了一个高速发展的"黄金时期"，经过各方准备，交易的外部环境已经具备。但是，从另一角度来说，个人投资黄金在战术上还需谨慎从事。

那么，黄金价格为何会上涨呢？首要原因是"不稳定性"。每当遭逢政治、经济危机之际，被当成安全资产的黄金需求量就会暴增。通常，处于政局不安的时候，一般人不会想赚钱，而只想守住现有资产。然而目前一般人的心理，却是想借此时机发大财，可以说是为了避险的一种投资组合，也是为了以黄金来降低未来保有其他商品时所发生的机会成本，同时也可以充当贵妇人的行头。黄金的变现性是其最大的优点，也算是货币的一种，可以不必报税，代代永续相传或赠予。

时下，美元疲软是造成金价上涨的核心因素。通常，如果美元价格走弱，股市不振之际，黄金的需求量就会增加。当美元无法扮演国际货币角色时，黄金就会取而代之，价格也跟着上扬。一般人基于美元弱势避险的立场，才会大举买入黄金。实际上，中国政府也正透过金块买卖来遏制美元贬值的危机，同时也降低美元不足时，人民币升值的压力。

目前，从国际范围来看，黄金价格已经上涨了相当一个阶段，而国内却仍然是方兴未艾。随着国内国际市场的进一步融合，无论是商品市场还是金融市场，价格接轨已成必然趋势，在这种情况下，国内投资者在关注身边价格走势的同时，必须考虑国际因素的影响、考虑价格的周期性波动规律。

涨涨跌跌是市场常态，而从目前来看，价格不断走高，几乎接近一个阶段的波峰，所以一定要预防风险，谨慎入市。

从政策面来看，央行负责人前不久明确表示要大力发展个人黄金投资，显现管理层推进市场的决心，而从调查了解来看，居民也比较看好能抵御通货膨胀和收益率相对稳定的黄金产品。可以说，主观投资意愿向好。但是，不可忽视的是，由于长期的严格管制政策，很多投资黄金者缺乏黄金操作经验，而相关交易机构也在交易细节方面缺乏可操作性的管理规则。这都给个人黄金投资埋下了一定的隐患。

个人投资黄金升温，除了一般所认定是"为抵御通货膨胀风险"而做的避险手段之外，目前投资品市场上缺乏适合中小投资者的产品是另一个原因。在目前的中国，能够规避通胀风险而收益又比较稳定的投资品依旧十分欠缺。只有投资品市场丰富起来、解决了投资的体制性风险问题，那么目前个人投资黄金市场所表现出的非理性因素才有可能降到最低点。

在通货膨胀到来的时候，买什么最好？答案是——黄金。现在，世界范围内的通货膨胀都在抬头，作为一种增值保值的理财工具，黄金又到了大显身手的时候了。目前，黄金价格仍处在上升周期中，投资者把握好机会，无疑将会有很大获利空间。在通货膨胀苗头日益显现的时候，黄金确实是非常不错的保值工具，值得中长期持有。

孟颖开户的时候存入资金3万元，当时的黄金的价格为465.2美元/盎司，孟颖下多单一手（100盎司），两天后黄金上涨至476.2美元，她立即平仓，两天盈利为：（476.2 - 465.2）×100×8.15 - 537（佣金）- 62.2（利息）= 8365.8元；一星期后黄金涨至480.6美元，她又在479.5美元下空单，四天后黄金跌至466美元，他立即平仓，盈利为：（479.5 - 466）×100×8.15 - 539（佣金）- 90.7（利息）= 10372.8元。仅仅用了不到半个月时间，她足足赚取了18738.6元，孟颖真是觉得这种投资方法比股票更稳健，比债券赚得更多，为了更

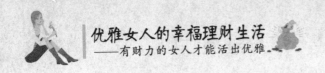
好地了解黄金市场，她天天都要去关注黄金市场。

半个月时间就能够赚取近两万元，投资收益确实不错，而且投资也比较灵活。看到孟颖在黄金市场的得利过程，相信很多女性朋友都想参与进去吧。但是，对于那些不明白黄金投资的女性朋友们来说，在进入投资之前，一定要先了解一下黄金投资的相关知识，以此来增加对黄金投资市场的认识，这对女性投资者在黄金投资市场上获得利润将大有裨益。

找到适合自己的黄金投资方式

黄金自古就被作为保值避险、分散投资风险、抵御通货膨胀的重要产品之一。但很多人投资黄金有个误区，认为炒作黄金一定会一夜暴富。这个想法非常危险。

在投资前，我们一定要先学习黄金投资交易的特性和渠道，不可以盲目跟风。买黄金主要是长远投资与保值，而不是短期炒作收益。一个人，只要他认为已积累到了足够的资金，什么时候介入都是可以的。私人财富的10%或以上可以用于投资黄金。对投资个体而言，一般来说，年龄越大，对黄金投资比例就越高，因为需要控制投资风险。有专家提醒投资者，生肖金条属于纪念型金条，并不是"炒金"的最佳选择，论投资性价比远不如投资型金条，其纪念价值也不如央行发行的金币。以增值为目的的投资者，最好还是选择投资型金条，且做好长期投资的打算。

对于新接触黄金市场的人而言，现在市场上究竟有多少黄金产品可以购买？要不要买？买什么样的产品呢？投资者又怎样在令人眼花缭乱的市场中看得清楚、想的明白、自己做主呢？

目前，市场上的黄金交易品种中，纸黄金投资风险较低，适合普通投资者；黄金期货和黄金期权属于高风险品种，适合专业人士；实物黄金适合收藏，需要坚持长期投资策略。

1. 金条金块

金条和金块虽然也会收取一定的制造加工费用，但这样的加工费用通常情况下是很少的，不过如果是纪念性质的金条金块，其加工费用就比较高，如曾经热销的"千禧纪念金条"之类，其溢价幅度就比较高。而加工费用低廉的金条和金块优点是附加支出不高（主要是佣金等），金条金块的变现性非常好，并且真正是全球都可以很方便地买卖，并且大多数地区都不征交易税，还可以在世界各地得到报价。缺点是投资金条金块会占用较多的现金，保管费用以及对安全性的考虑，都让人比较费心。

金条金块比较适合的投资对象是：有较多闲散且可以长期投资的资金，不在乎黄金价格短期波动者，对传统投资黄金方法有偏好者。

2. 纯金币

总体上而言，投资纯金币与投资金条金块的差别不是很大。投资者在购买纯金币时要注意金币上是否铸有面额，通常情况下，有面额的纯金币要比没有面额的纯金币价值高。投资纯金币的优点是因纯金币大小重量不一，所以投资者选择的余地比较大，较小额的资金也可以用来投资，并且纯金币的变现性也非常好，不存在兑现难的毛病。但纯金币的缺点是保管的难度比金条金块大，如不能使纯金币受到碰撞和变形，对原来的包装要尽量维持，否则在出售时要被杀价，等等。

纯金币比较适合的投资对象是：对金币有一定欣赏要求的投资者，并且投资的资金大小可以灵活控制者。

3. 金银纪念币

金银纪念币是钱币爱好者的重点投资对象，其主要优点是，虽然金银纪念币也是以金银为原料加工制造而成的，但由于其严格的选料、高难度的工艺设计水准和制造，以及相对要少得多的发行量，使金银纪念币具有了艺术品范畴的美学特点，并且由于其丰富的内容、画面以及由此传递出的众多信息，使金银纪念币的投资价值大为提高。但投资金银纪念币仍然要考虑到其不利的一面，即金银纪念币在二级市场的溢价一般都很高，远超过金银材质本身的价值；另外我国钱币市场行情的总体运行特征是牛短熊长，一旦在行情较为火爆的时候购入，投资者的损失比较大，再加上我国邮币卡市场素有"政策市"的雅号，所以其中孕育的政策性调控风险也是很大的。

金银纪念币比较适合的投资对象是：更看重金币收藏价值者，对于金银纪念币行情以及金银纪念币知识有较多了解者。

4. 金银饰品

实际上很少有人会以专门的投资标的去投资金银饰品的，因为从投资的角度看问题，投资金银饰品的收益风险比是较差的。但金银饰品由于具有实用性的突出优点，其美学价值比较高，所以仍值得专门一谈。因为黄金质地较软，一般金首饰要以金合金来制造，常见的金合金饰有 24K、18K、14K 等。另外，从金块到金饰，金匠或珠宝商要花不少心血加工，在生产出来之后，作为一种工艺美术品，要被征税，在最终到达购买者手中时，还要加上制造商、批发商、零售商的利润。这一切费用都将由消费者承担，其价格当然要超出金价本身许多。除此之外，金银首饰在人们的日常使用当中，总会受到不同程度的磨损和碰撞，如果将旧的金银饰品出售，其价格自然要比购买时跌去不少。虽然如此，在实现了使用价值之后金银首饰仍可以部分保值，这正是金银饰品不同于其他金银制品的也是它本身的一大特点。

比较适合的投资对象：追赶时髦的年轻人，更看重黄金使用价值，通常情况下不考虑投资黄金品种来保值和增值。

5. 纸黄金

个人投资黄金可以概括为两大形式，即纸黄金和实物黄金，所谓纸黄金就是凭证式黄金，也可以称为"记账黄金"。纸黄金业务一般不能提取实物黄金，也不用缴纳税金，是一种账面上的虚拟黄金，银行对个人炒金者存放在黄金投资账户内的黄金既不计付利息，也不收取保管费。但是账户内的现金则按活期储蓄利率来计算利息。纸黄金投资从本质上而言有点类似外汇投资，两者都是通过赚取买卖之间的差价获取利润的。投资纸黄金的优点是操作简便快捷、资金利用率高、手续费总体上比买卖实物黄金低，同时也不用为保管担心，因此是现代投资炒金的主要形式。缺点是由于黄金价格的波动受到诸多因素影响，短线炒作本来难度就比较大，如此短线运作要取得较好的投资回报有一定的难度。

纸黄金比较适合的投资对象是：有时间研究黄金行情走势、有时间进行具体操作以及希望通过黄金价格频繁变化获取价差者。

6. 投资白金可能比黄金更佳

相对于黄金，美国投资大行高盛证券分析员表示，白金可能是一项比黄金更佳的贵金属投资项目。原因在于随着新型交易所交易基金（EFT）推出，白金及钯金交易更透明，黄金有机会面对其他贵金属竞争。此举有机会对金价造成向下的压力，但却会推高白金和钯金的价格。

家庭黄金理财不宜投资首饰

近期黄金价格屡创新高。业内人士认为，目前国际黄金市场需求旺盛，供不应求的情况不会在短期内改变，而且各种指标长期显示为对金价的利多影响，黄金的长期走势依然看好。随着国际黄金价格的不断上涨，国内市场的金价也是水涨船高。飙升的金价使黄金饰品受

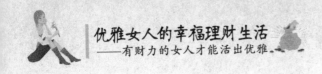

到消费者的热情追捧。

1. 存在微调可能，长期走势看好

目前，由于各国外汇储备体制的变化，各国中央银行正在提高黄金储备比例。中、印等发展中国家珠宝需求的强劲增长，也使得黄金价格有了长期上涨的基础。据世界黄金协会的统计，全球黄金需求量已连续6个季度增长，去年第四季度以来需求保持了两位数的增长。

同时，从黄金供应方面看，由于供应下降，供求缺口较大。黄金开采量因印尼、南非及澳大利亚等地产量骤降而下降。

由于国际市场原油价格居高不下，加大了通货膨胀的可能。金融市场投机产品如石油、铜等不确定性增大，导致黄金最有可能成为投机资金投机的新产品，扩大了黄金价格的波幅并助推黄金价格的上涨。作为对冲通胀危险的最好的一种工具——黄金，大量的基金持仓是金价的强力支撑，预计未来仍然会有大量的基金停留在黄金市场上，对黄金的需求会进一步加大。

2. 投资需谨慎，不投资首饰

对于普通投资者来说，目前国内黄金投资在品种上可分为两大类：一类是实物黄金的买卖，包括金条、金币、黄金饰品等；另一类就是所谓的纸黄金，又称为"记账黄金"。

黄金投资专家表示，实金投资适合长线投资者，投资者必须具备战略性眼光，不管其价格如何变化，不急于变现，不急于盈利，而是长期持有，主要是作为保值和应急之用。对于进取型的投资者，特别是有外汇投资经验的人来说，选择纸黄金投资，则可以利用震荡行情进行"高抛低吸"。

而目前由于人民币升值，给纸黄金投资者的收益带来影响。银行给纸黄金投资者的价格是以人民币计的，但国际市场上的黄金价格是以美元每盎司计。在国际金价不变的情况下，如果人民币升值，则纸黄金价格是下跌的。但这种影响短期来看并不明显，尤其是现在黄金市场正处于大牛市，只有牛市见顶，金价长期不动或者回调的时候，这种汇率变化才值得关注。

对于家庭理财，黄金首饰的投资意义不大。因为黄金饰品都是经过加工的，商家一般在饰品的款式、工艺上已花费了成本，增加了附加值，因此变现损耗较大，保值功能相对减少，尤其不适宜作为家庭理财的主要投资产品。

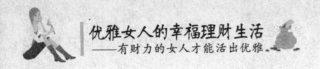

收藏：细心挖掘收藏中的金矿

瓷器收藏

作为火与土的艺术，古今瓷器，因其既能给居家增添文化氛围和美的享受，又能给人们带来增值效应，因此，历来便备受人们的青睐。

然而，尽管人人皆知瓷器收藏的好处，可真正称得上是一个合格的收藏者，尤其是面对数不胜数的古今瓷器物件，能切实明白地知道哪些才是最值得购藏的人，其实并不多。某单位曾请几个工艺美术大师制作一批瓷器雕件作品，结果因对瓷器市场整体情况缺乏了解，策划者竟不知道如何定价；不少本可优先获得者，也因茫然不知，而无一人购买；事后，当得知这些瓷器作品价格猛升，有人只好无奈地慨叹："错过了一次赚大钱的机会，可惜。"这样的例子虽然特殊，但绝非个别。仔细推究原因，关键就在于许多人对不同瓷器的价值、价格缺乏了解。

在通常情况下，瓷器件的价值大小决定了价格高低，而不同的价格则对应了瓷器件的价值档次。从目前的市场情况看，古今瓷器的价格结构大致可作以下分档。

就年份已久的古旧瓷器而言，位列第一的当推各个朝代的官窑瓷器件，其中又以"御窑"和名头特别响的器件价格为高，因而也最具收藏价值。多年来的市场表现表明，明朝各代瓷器器件和"清三代"（康熙、雍正、乾隆）的器件，最受市场追捧，其现在的价格与10年前相比，普遍提高了 10 至 100 倍。其中如明成化斗彩鸡缸杯、康熙豇豆釉彩器、雍正珐琅莲子碗等，如今的市场价已达数十万元至上百万元之巨。

官窑之外，各种带堂名款的器件则次之；工艺精湛的民间窑器又次之，其市场价格也相应依次往下。

再从瓷器件的胎体、釉质、烧结、纹饰来看，一般收藏家认为，彩色釉、低温单色釉的价格比青花高；器形特殊的器件，例如官窑的灯、瓶、炉等杂件瓷价，比一般碗、盆、碟等常用器件的价格高；精工细作或器型特大、特小者，价格往往高于寻常物件。

需要特别说明的是，随着岁月流逝，明、清及以前的古旧瓷器件已越来越少，而且因为市场价格越来越高，其赝品也越来越多，因此，对于缺乏经验和眼力的初入行者来说，如没有把握，还是不要轻易介入，改为购藏现代瓷为好。须知，今天是昨天的明天，也是明天的昨天，所谓古瓷是相对而言的。趁多数现代陶艺家所作器件的价格现在还处于低位，择机购藏若干，三五十年以致百年之后，这些陶艺家的作品不也同样会被视为"古董"而增值吗？

在懂得了上述价值分档后，购藏者还务必要了解：瓷器收藏，贵在"文火慢工"，既要心态平和，又能持之以恒。收藏瓷器要有好眼力，瓷器收藏重点要"古稀俏美"。

1. "古"

古瓷、古董贵在一个"古"字。古瓷器属于传统收藏，或称古玩（现代收藏称现玩）、古董。远古的器物是历史文物，加之瓷器的保存不如金玉、铜石等物容易，越古老越少，越古老越贵。改革开放以来，大规模的基础建设和荒山野岭的开发利用，使不少古瓷器出土重见天日，这便为古瓷宝库增添了不少瑰宝，也为收藏者提供了机会。

2. "稀"

物以稀为贵。如宋代汝瓷，便因其稀有而倍加珍贵，尤其是御用

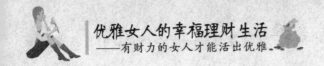
汝瓷。据有关资料统计，从北宋晚期至今传世的御用汝瓷总数不超过百件，且分别珍藏于故宫博物院、上海博物馆，其他地区、国家博物馆和少数收藏家手中，故有了"纵有家产万贯，不如汝瓷一件"的说法。

3. "俏"

要注重收藏市场需求量大、行情看涨的古瓷。这种"俏"货价格攀升潜力大。约10年前，清三代官窑瓷器在拍卖会上的成交价才几千、几万元。由于市场需求量不断增大，现在的官窑瓷器成交价已达几十万、几百万，甚至几千万了。另外，国内古瓷的拍卖价近年来虽然不断升高，但与国际拍卖价相比还是较低的，后者往往高出几倍甚至十几倍。因此，古瓷的市场前景被看好，升值潜力仍较大。如北京中嘉国际拍卖有限公司2006年秋季北京拍卖会上，一件元代青花五龙罐估价为300万元至500万元人民币。

4. "美"

在宋代五大名窑中，只有定窑烧制白瓷，而汝、官、哥、钧都是以青釉取胜。然而，定瓷精品之所以珍贵，倒不仅仅在于其如雪似银的胎釉，而在于它精美的划花、刻花和印花的纹饰。而汝瓷的精美，可谓宋代瓷艺百花苑中一朵奇葩。元代青花和清代彩釉瓷器，也都是以精美而闻名，虽然在民间有一定的藏量，但价格也都不菲。如北京中拍国际拍卖有限公司2007年迎春大型拍卖会上，一个元代青花"云龙纹玉壶春瓶"以88万元人民币成交。

瓷器收藏一定要心态好，如果把收藏作为一项投资或投机的生意，那还不如将钱投入股市和金市。收藏是个累积的过程，而乐趣就在这真真假假当中体现出来。加上对文化的认知，才能由心感悟到收藏所带来的乐趣。

邮票收藏

邮票也是很多人喜爱的一项收藏，邮票投资应遵循"量力而为、抓住重点、注重品相、避免盲从"四项原则。

邮票原先只是作为一种消遣娱乐，现在已经受到众多邮票爱好者追捧。邮票比古董字画更容易兑现获利，受场地限制很小，而且也节省家庭很多的投资时间，因此这个队伍一直在逐渐扩大。投资不会很大，可以作为业余爱好，加上邮票也给收藏者带来视觉上的高度愉悦感，所以这是比较适合年轻人投资的一种方式。

邮票投资的回报率较高，在收藏品种中，集邮普及率也是最高。但是邮票投资也并不是一本万利的，作为一种投资，它还是存在风险的。而且对投资者的专业知识也有一定要求。有些邮票受人为炒作，价格不容易把握，波动大。

邮市是一个收藏型的市场，邮品的增值要遵循市场经济规律暴涨或暴跌都是不正常的现象。邮市应该建立在服务于集邮者的基础上，唯有这样的邮市才能发展繁荣。

那么，投资者究竟应该如何投资邮票呢？

1. 坚持量力而为原则

投资邮票，最重要的一点就是钱的来源应当是自己积蓄内的，是暂时闲置不作急用的。如果靠向亲戚朋友借贷，甚至动用、挪用公款，一旦遇上外部环境的变化，邮市不振，一旦被套牢将是非常糟糕的事情。因为集邮热从降温到再度升温，这个周期短的一般要二至三年左右，长的要十年左右，而且这个周期长短如何，并非为一般人所能左右的。

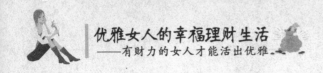

2. 坚持抓住重点的原则

由于每套邮票的选题、设计、表现形式、发行量、面值和发行年代不同，从美学鉴赏的角度就有不同的结论。有的邮票选题符合大众心理，设计精良，发行量小，面值低，受到大众的普遍认同和欢迎，市场价格就看好。而有的邮票选题重复，表现形式平平，发行量大，面值又高，这样的邮票一般在相当长的一个时期内，价格不会发生变化，就是在今后，升值的机会也相对要小、要慢，甚至比不上银行利息。即使价格在一个时期被带上来，收集的人也不会很多，还是卖不出去。因此，邮票投资切不可全面铺开，而要集中有限的资金，瞄准专题集邮队伍这个目标，实施重点突破，以提高投资的效益。一般来讲，1991 年之前的老纪特邮票存世量少，消耗很多，基本上都沉淀在社会，因此，老纪特邮票的价格都较高，保值、增值比较稳定，受市场波动的影响较小，是长期收藏投资群体的首选。

3. 坚持注重品相的原则

品相是邮票的生命，是决定其收藏价值的重要因素之一。珍贵的邮票，如果又有全品相，那么它今后升值的可能性就可以得到保证。如果邮票严重被污染或出现破损或被折坏，即使是珍贵邮票，价格也是要大打折扣的。如果是中低档邮票，一旦出现品相问题，那么就是降价也很少有人接手，因为这样的邮票从投资的角度是没有前途的。

4. 坚决避免盲目从众原则

邮票投资者在一个新的集邮热刚兴起时，可以大量购进邮票，待集邮热发展到一定程度后，可以脱手手中的邮票。当集邮温度在达到临界点后，许多邮票的价位会出现波动或下滑。如果这时手中还有部分高价购进的邮票没有出手，处理的方法有两个：一是在价格悬殊不大的情况下，赶快抛售；二是干脆将邮票收藏起来，以待下一个高潮的到来。当邮市进入萧条状态，邮票价格跌入谷底时，邮票投资者应把握契机，当机立断，以低价位大量购进有前途的邮票。如此操作，一方面可以降低前一个高潮时未脱手邮票的平均价位，使投资整体价格实现合理和平衡，以增强邮票在市场上的价格竞争能力。另一方面，可以增加邮票数量和质量的势能，为赢得更丰厚的利润奠定坚强有力的物质基础。

此外，邮票的收藏与保管是十分重要的。如何保存好邮票，一直是邮票收藏爱好者的一个"老大难"问题，因为邮票是纸和油墨颜色构成的，而纸吸水性较强，即使在十分干燥的环境下也含有 6% 左右的水份。一有水份，霉菌就可能利用纤维素在邮票上生长，不洁的手指触摸过的邮票，会使手上的有机物质粘附在邮票上，更利于霉菌生长。于是邮票上就出现霉点、黄斑。空气中的氧气也会使邮票发生变化，长期暴露在空气中的邮票，氧气会对纸产生氧化作用，使邮票发脆。此外，印刷邮票时采用的各种颜料，在长期日光照射下，也会发生化学反应，使邮票变色和褪色。

知道了邮票易发生变化的因素，保存邮票应该采取的相应措施也就清楚了，基本方法是：

1. 防潮

阴雨天，不可将邮票放在空气中、不要整理邮票，并要将邮票封存在有干燥剂的玻璃罐或塑料袋中。切忌用嘴吹护邮袋。

2. 注意邮票册受压

邮册应竖放于干燥处，应该像图书馆内的书一样，站立并列存放，在尽可能的情况下，不要让它东倒西歪，否则时间久了，邮票册就会变形，因而影响它保护邮票的性能。存放邮票册的地方尽可能放些干燥剂。邮票册不能受压，如果把几本集邮册叠在一起，日子久了，下面那些会被邮票册表面的透明纸压出一道痕迹来，从而破坏邮票的品相，邮票因压力还会粘固在邮票册上。

3. 使用邮票镊子

再干净的手，手指皮肤表面总会渗出一些含有油和盐的分泌物。如

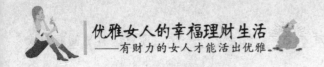

果用手直接触摸邮票，就会将油和盐沾到邮票上，为霉菌的生长提供了条件。这在当时是看不出发生什么变化。但若干年后，邮票被你的手摸过的地方，就会出现不同程度的脏污或变霉。所以应尽量使用镊子夹取邮票，养成不用镊子不动邮票的习惯。并且使用专用的邮票镊子，不能随便使用其他的镊子，更不能用医生用的尖头镊子来夹取邮票，那样会刺破邮票，内部又有锯齿纹，会在邮票上留下痕迹，损坏品相。

4. 使用护邮袋护邮

护邮袋是透明材料制品，用它存放邮票既便于随时观赏，又可护邮票。

5. 保护邮票小窍门

（1）邮票表面有蓝色墨水时，可将小苏打和漂白粉等量溶入水中，将邮票浸入，墨迹可消除。

（2）邮票表面有泥污，先轻轻拭去污渍，将其夹入宣纸吸干，等充分干燥后可用绘画专用橡皮擦去泥污。

（3）邮票表面有印油时，用脱脂棉蘸少许汽油或酒精轻轻擦拭，洗净后置于吸水性较好的纸张上吸干。

（4）邮票为蜡所污染。可将邮票放在两张吸水纸之间，用电熨斗稍微熨烫一下即可消除蜡迹。

（5）霉雨季节，将集邮册成扇形置于桌上，用吹风机清吹，可除潮防霉。

（6）如邮票已有霉斑，可用一小匙精盐放在热牛奶中，晾凉后浸泡发霉邮票一二小时，然后用清水洗净晾干。

（7）有皱的邮票可在清水中浸泡 10－20 分钟后，置于两张吸水纸之间用玻璃板夹紧，干后即可恢复平整。

（8）邮票表面有污垢，可用照相器材商店所售的定影液浸泡 5、6 分钟，然后用清水漂净并晾干，置于吸水纸之间夹紧，过数日取出即可。

石头收藏

关于奇石，大多是指有观赏价值的石质艺术品，包括造型石、纹理石、矿物晶体、生物化石、纪念石、盆景石、工艺石、文房石等。体量上有大中小之分。它们以奇特的造型，美丽的色彩及花纹，细腻的质地，产量又比较稀少而受到人们喜爱。

奇石的分类，是一项很复杂的工作，从不同的角度出发，可以有多种分类方法，简而言之如下：

1. 依采拾的地域，可以分为山石、平原石、溪河石、海石四大类。

2. 依欣赏的眼光，可以分为景观石、象形石、抽象石、图案石、纹理石、生物化石等类。

3. 依石态所呈现的主题，可以分为具象与抽象两大类，也就是中国传统美学中的写实派和写意派。

4. 依体量及陈列的方式，可以分为供石、雨花石（及其他适宜养水中观赏的卵石）、生物化石等三大类。

一、观赏石种类与欣赏

1. 太湖石

太湖石。又称贡石，久负盛名，它是一种被溶蚀后的石灰岩，以长江三角洲太湖地区的岩石为最佳。"漏、瘦、透、皱"几大特色是对太湖石的要求。

2. 大理石

大理石既是一种建筑材料，又是很好的观赏石，它是一种变质岩石。大理石品种主要有云石、东北绿石和曲纹玉。

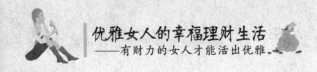

3. 齐安石

产于湖北，与玉无辨，多红黄白色。其纹如人指上螺，精明可爱。

4. 菊花石

由天然的天青石或方解石矿物构成花瓣，花瓣呈放射状对称分布组成白色花朵；花瓣中心由近似圆形的黑色燧石构成花蕊，活似天工制做之怒放盛开的菊花，故名菊花石。菊花石周围的基质岩石为灰岩或硅质砾石灰岩，灰岩中偶尔含有蜓类、腕足类珊瑚化石，给菊花石增添了生命活力。菊花花瓣为多层状，具立体感。花朵大小不一，最大者直径30厘米，最小者3厘米，一般10厘米左右。花形各异，有绣球状、凤尾状、蝴蝶状等。因它本身就是一幅天然美丽的图画，若以它精工雕琢成工艺品，更是锦上添花，精美绝伦。我国是世界上绝无仅有出产菊花石的国家。

5. 雨花石

雨花石最负盛名。雨花石之美即美在质、色、形、纹的有机统一，世界上诸种观赏石以此四者比较，没有能超过雨花石的。

6. 鸡血石

鸡血石为印材中的霸主，价值不低于田黄石。鸡血石要求血色要活，红色处于其他颜色的地儿当中，要结合得界限，要像"渐融"的一样。其次红色要艳、要正、浅色不行，发暗与发褐也不行。再次，血色成片状，不能成点散状或线状、条状、最主要要求鸡血石地子温润无杂质，色纯净而柔和。

7. 田黄石

田黄石是目前印材中的珍稀、绝品石种。此石属叶蜡石，产自福建省州市寿山乡，1000年前即有开采。至明、清两代，田黄石更称名于世。在鉴别田黄石时，往往要观其色泽。田黄石有橘皮黄、枇杷黄、鸡油黄、黄金黄、熟粟黄等色别，尤以橘皮黄为上品。此外，还有田白、田红、田黑、田绿数种。因田黄石弥足珍贵，历来不少古董商人及文物贩子，以各种黄石稍事加工而充之，殊不知田黄石存在着一种其他石头没有的特征，即半透明状的石肌里，隐现萝卜纹，亦或叫"瓜瓤纹"，其色外浓而淡，间有红色水格纹，故有"无纹不成田"、"无格不称田"之说。

8. 艾叶绿

产于福建、浙江、辽宁、石色如同艾叶般翠绿。艾叶绿是名贵上品，除质地温透精绝外，它的颜色更是浓艳鲜嫩，翠绿无比。辽宁产的艾叶绿是"最上品"。

9. 青田石

产于浙江青田县。青田石的石性石质和寿山石不大相同。青田石是青色为基色主调，寿山石则红、黄、白数种颜色并存。青田石的名品有灯光冻、鱼脑冻、酱油冻、风门青、不景冻、薄荷冻、田墨、田白等。

二、石品的高下优劣

供石的高下优劣可以按照一定的评介标准来衡量。这里，既有统一而概括的普遍标准，也有按不同类别、不同石种进行同类对比的分类标准。无论普遍标准还是分类标准，都应包括科学、艺术两大因素，这是缺一不可的。同时，由于各石种的形、色、质、纹等观赏要素和理化性质互不相同，风格各异，因而它们的欣赏重点和审美标准也有所区别，我们评品单个供石时也尤其需要注意。

当然，奇石毕竟是自然的产物，因此不能墨守成规、一成不变，即所谓"大匠能授人以规矩，不能使人于巧"也。

1. 完整度

指供石的整体造型是否完美，花纹图案是否完整，有没有多余或缺失的部分，以及色彩搭配是否合理，石肌、石肤是否自然完整；有没有破绽。

供石一般不允许切割加工，须尽量保持它天然的体态，如有人为雕琢造型或修饰者，则属于石雕艺术。有的赏石家要求极为严格，连

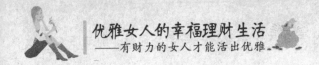
切底行为也不允许，认为底部的安定只能由底座来加以调节。不过，一些石种，比如英石，若不切底，就无法取材。所以切底行为不能一概而论。

在评价一块供石之前，先要从上下、前后、左右仔细端详它的完整度，若有明显缺陷，则应弃而不取。特别要注意有否断损，有的供石断损后进行粘合，则在粘合处留有痕迹。

2. 造型

指供石的形状，这是具象类供石与抽象类供石首先要评介的内容。

"皱、瘦、漏、透、丑、秀、奇"是评价太湖石、灵璧石、英石、墨湖石及其他类似石种的外形的重要因素。凡以上七要素皆备，其造型必美。

皱。石肌表面波浪起伏，变化有致，有褶有曲，带有历尽沧桑的风霜感。

瘦。形体应避免臃肿，骨架应坚实又能娴娜多姿，轮廓清晰明了。

漏。在起伏的曲线中，凹凸明显，似有洞穴，富有深意。

透。空灵剔透，玲珑可人，以有大小不等的穿洞为标志，能显示出背景的无垠，令人遐想。

丑。较为抽象的概念，全在于选石、赏石时自己领悟，"化腐朽为神奇"。庄子在战国时代即提出把美、丑、怪合于一辙的"正美"，以图"道通为一"。后世苏东坡、郑板桥又提出了"丑石观"。其意义在于，千万不要以欣赏美女的情调来赏石，要超凡脱俗。

秀。与"丑"看似矛盾，实为对立统一。强调的是鲜明生动，灵秀飘逸，雅致可人，避免蛮横霸气。

奇。造型为同类石种中少见，令人过目不忘，个性极其独特。

雄。指气势不凡，或雄浑壮观，或挺拔有力。

稳。前后左右比例匀称，符合某一景观自然天成的状态。同时，底座要稳定，安如泰山，不能给人一种不安定的感觉。

钱币收藏

钱币作为法定货币，在商品交换过程中充当一般等价物的作用，执行价值尺度、流通手段、支付手段、贮藏手段和世界货币五种职能，这是钱币作为法定货币在流通领域中具有的职能。然而，当抛开其作为法定货币的角色，而作为一种艺术品和文物，钱币又具有了另一种特殊的职能——收藏价值。

钱币市场的交易向来都是十分活跃的，但各种钱币的成交价格仍然还较低，这正是集币爱好者拾遗补缺和钱币投资者逢低建仓的大好时机。广大钱币投资者应经常进行横向比较，若能适时购进一些物有所值的品种，很有可能获得可观的回报。

投资者将钱币作为投资对象，既可能赢利也可能亏钱。如何才能有效降低投资风险、提高投资回报呢？

1. 看清大势，顺应大势

钱币的行情与其他投资市场行情相同的地方是行情的涨跌起伏变化，并且较长时间的行情运行趋势可以分成牛市或者熊市阶段。行情运行的大趋势，实际上已经综合反映了各种对市场有利或者不利的因素。投资市场行情运行趋势一旦形成，通常情况下是不会轻易改变的，所以能够看清行情大的运行趋势并且能够顺大势操作者，其投资成功的概率就高，而其所承受的市场风险却要小得多。由于目前的邮币卡市场本质上是政策市场，所以政策面的变化对市场行情影响最大，也是钱币市场行情容易暴涨暴跌的根本原因。另外，从宏观面分析，股票市场和房地产市场行情的好坏，也直接或者间接从资金方面对钱币市场行情产生不同的影响。

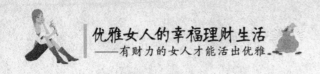
2. 投资和投机相结合

正因为币市行情容易受到政策面的影响而变化，所以投资者在具体的币市投资操作中，可以将投资与投机的理念、手法结合起来。因为对普通的投资者而言，单纯的投资操作固然可以减少市场风险，但是投资获利不多，时间成本较大。而纯粹的投机性操作，虽然踏准了牛市的步伐会很快暴富，但是暴涨暴跌的行情毕竟是难以把握的，更何况钱币市场行情基本上还是牛短熊长的呢？理想的操作思路和操作手法应该是投资、投机相结合，以投资为主，以投机为辅。或者熊市之中以投资为主，牛市之中以投机为主。

3. 重点研究精品

随着币市可供投资选择的品种越来越多，投资者在投资或者投机时，始终有一个具体品种的选择问题。不同的投资品种一段时间以后的投资回报有高有低。在钱币市场上，经常可以看到有些金银纪念币面市的价格很高，随后却一路往下走；也有些品种在市场行情处于熊市时面市，面市价格也不高，随后其市场价格却能够不断上涨。虽然这些品种短时间里市场价格的高低是受到较多因素的影响，但是长期价格走向却是由其内在价值决定。而内在价值通常则是由题材、制造发行量、发行时间长短等综合因素决定。

4. 资金使用安全

任何投资市场皆存在不可避免的系统或者非系统风险。币市行情由于具有暴涨暴跌的特点，其市场风险在某些时间段还相当大。所以，币市投资者首先应该有风险意识，尤其是短线投机性炒作时。其次，应该采取一定的投资组合来回避市场风险，因为除了价格下跌有套牢的风险外，一旦行情启动还有踏空的风险。

5. 钱币收藏不要冲动办事

购买古钱币一看真假、二看品相、三问价格。要学习掌握购买钱币的交易技巧，在钱币市场或金店内发现自己喜欢的藏品，不要喜形于色，直奔目标，不惜重金买下。而是暗中观察，不动声色，迂回接近，不妨先探问其他钱币的价格，以分散卖者的注意力，然后不经意询问价格，故意把它说得一文不值，俗曰：褒贬是买家，把价格侃到最低时再成交。

6. 钱币收藏要有目标、有计划

古今钱币纷繁浩翰，品种极多，仅人民币就有纸币系列、普通流通纪念币系列、贵金属纪念币系列，它们之下又可分若干系列。所以，必须根据自己的财力和爱好，有选择地加以收藏，最好是少而精、成系列收藏。

7. 钱币市场的暴利时代已经过去，不要有投机的心理

钱币收藏是一种志趣高雅的活动，收藏之道，贵在赏鉴。古人谈收藏的益处：一是可以养性悦心，陶冶性情；二是可以广见博览，增长知识；三是祛病延年，怡生安寿。但在市场经济条件下，钱币收藏活动的经济价值导向也是不容置疑的。钱币收藏者要有一个平常心态，由过去趋利性收藏转到观赏、把玩、研究、交流上来，提高钱币收藏的品位，养成宁静、淡泊的操守，摆脱铜臭的困挠和烦恼，感悟收藏真谛。

8. 对于购买者而言，要学会区分卖者所述的"故事"

一般情况下，卖者会拿"祖传"、"扒房子、挖地基时发现"、"急用钱"之类的"故事"说事。须知这些故事大都是卖者自己瞎编的，在美丽的谎言背后却隐藏着蒙骗买者上钩的陷阱。经不住诱惑而盲目买入，事后发现上当受骗者不乏其人。

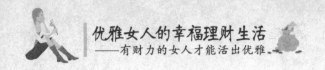

纪念币收藏

我国普通纪念币的铸造发行，是在我国铸造发行元、角币和纪念金银币的实践经验基础上的一个新的思路和举措。在1984年全国隆重纪念中华人民共和国成立35周年之际，1984年3月17日经人民银行总行批准，中国印钞造币总公司铸造了"中华人民共和国成立三十五周年"纪念币1套3枚，面值均为1元。材质铜镍合金，铸造发行后，深受广大群众欢迎。

从1984年到2008年总共铸造普通纪念币39种。

专业人士认为，有意收藏金银币的市民首先要了解起码的常识，如金银纪念币是国家法定货币，只能由中国人民银行发行；纪念币带有国名、面额和年号，通常每枚纪念币均附有中国人民银行行长签字的证书；纪念币发售前，中国人民银行将通过其官方网站对外公布。

中国金币总公司提醒，消费者可借助五个简易办法防范假冒纪念币。一是通过权威媒体获取信息，从中国人民银行网站及其公告中，确定相关纪念币的样式、特点。二是从正规销售网点购买，认准中国金币总公司分支机构或中国金币特许零售商，不在临时性场所买纪念币。三是从纪念币发行要素入手，主题、图案、面额、规格、式样、鉴定证书等要素缺一不可。四是通过工艺质量特点辨真假，在喷砂效果、浮雕造型、彩印效果、材质与重量及专用防伪工艺等方面一一比对。五是通过鉴定证书辨真假，真证书由中国人民银行行长签名，采用专用的防伪纸、文字编号清晰，图案颜色轮廓清楚，层次感好。

消费者对所买纪念币仍不能确定真伪时，可先到当地中国金币总公司分支机构和特许零售商处进行初步鉴定；如需进一步鉴定，可拨打中国金币总公司客服中心电话咨询和预约。如确认是假货，消费者可到购买地或消费者所在地的公安机关报案，以设法挽回损失。

此外，对于纪念币收藏爱好者而言，收藏纪念币应从自己的经济能力出发，量力而行，先易后难，先从最近发行的纪念币入手，最好还要买本纪念币收藏册，每购一枚都应及时放入收藏册内，以防钱币氧化。

选好包装手段是金银纪念币收藏的基本功。可选包装有不属聚氯乙烯的塑料盒、聚酯薄膜袋、纸袋等。可选的材料有聚乙烯、聚丙烯、聚酯薄膜。关键是不能选用含聚氯乙烯的材料包装存放纪念币。

为了隔离空气，一般有气密和真空封装两种方法。气密指隔离空气但不抽净包装内空气。真空封装使包装材料与纪念币表面紧密接触。纪念币中手接触过的地方一定是首先腐蚀变黑的地方，如确要拿放纪念币，应用干净的软纸或布隔开手轻拿纪念币的边缘。

小人书收藏

小人书学名叫连环画，是中国传统的艺术形式。兴起于 20 世纪初叶的上海。1929 年受有声电影的影响，连环画在画面上"开口"讲话。1932 年以后，连环画才红火起来，出现了朱润斋、周云舫等名家。1949 年后小人书发展进入高潮期。连环画的黄金时代在五、六十年代。1966 年，文化大革命开始后，中国的连环画创作基本处于停滞状态。1970 年开始，小人书的创作出版又形成了高潮。"文革"以后到 80 年代，小人书发展进入鼎盛期。十一届三中全会后，除去《人到中年》、《蒋筑英》等现代题材以外，还有不少外国名著和中国名著小人书受到欢迎。从 90 年代开始，小人书的收藏逐渐升温。

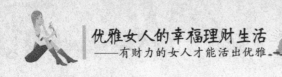

小人书是根据文学作品故事，或取材于现实生活，编成简明的文字脚本，据此绘制多页生动的画幅而成。最为传统的是线描画，工笔彩绘本是连环画中的一大形式。现在，由于电影、电视以及动漫等发展，连环画已成为一种回忆，进入收藏市场。它代表了中国文化的一个特殊年代。

连环画虽说是一个独立的画种，却能以不同的绘画手法表现之。水墨、水粉、水彩、木刻、素描、漫画、摄影，甚至油彩、丙烯均可加以运用，但最为常见的、最为传统的仍是线描画。早期的线描都是毛笔白描，《连环图画三国志》、《开天辟地》、《天门阵》、《梁山泊》、《天宝图》、《忍无可忍》等等无一不是毛笔之作；陈光旭、金少梅、李澍丞、牛润斋、沈景云、陈光镒、赵宏本、钱笑呆等等几乎都是白描高手。后来的《山乡巨变》、《铁道游击队》、《列宁在十月》、《列宁在1918》、《白求恩在中国》也都是这类作品。毛笔白描为国画的传统技法，线条流畅清晰，黑白分明，易于被接受。除此之外，钢笔小人书、铅笔线描在连环画中也有运用，但精品不多。陈俭是硬笔线描画的高手，其钢笔线描《威廉·退尔》、铅笔线描《茶花女》都是精品之作。工笔彩绘本是连环画中的一大形式，王叔晖的《西厢记》、刘继卣的《武松打虎》、《闹天宫》、任率英的《桃花扇》、陆俨少的《神仙树》都属这类作品。由于是大师精心之作，这类作品都已成了经典之作、传世之品。以写意笔法绘制的连环画也有，这其中又分水墨写意与彩色写意两种，前者的代表作有人美版的《秋瑾》、《三岔口》，后者的代表作有顾炳鑫的《列宁刻苦学习的故事》、顾炳鑫和戴敦邦的《西湖民间故事》、贺友直的《白光》、姚有信的《伤逝》等。不过，为降低成本，有些彩色绘本在印制时改成了黑白版。钢笔、铅笔素描作品也不少，前者的代表作有华三川的《交通站的故事》、《青年近卫军》等，后者的代表作有顾炳鑫的《渡江侦察记》、郑家声等的《周恩来同志在梅园新村》、汤小铭、陈衍宁的《无产阶级的歌》等。

　　小人书分几为几类，有古代的典集小人书，像我们的四大名著、聊斋志异、封神榜等；还有一类是比较现代的战争一类的题材的小人书，如松江缴匪记、渡江侦察记、三大战役等；再有就是以影视作品为主的沙家浜、红灯记样板戏之类的。但收藏小人书还要把握好几点，首先书要成套，成套的小人书比较有收藏价值，当然原套是最好的，不是原套后拼成的也可以；其次要看作品的内容绘画的观赏性，让人看到后赏心悦目才行，最好要看品相，就是保存得完好程度；再一个要看现在的市场需求，现在市场主要是近代的样板戏最为昂贵，一般一本品相好一点的小人书要价要到 30－50 元不等。

　　目前，在小人书收藏界中有三类人群，一类是专业"连友"，专门收集上世纪 50 年代到上世纪 80 年代的老版连环画，主要出于投资增值目的；第二类是普通的连环画发烧友，他们多是兴趣爱好使然，为了集齐一套连环画而四处奔波，不惜高价回收，但多为个人收藏所用；第三类是"连友"中的年轻成员——80 后、90 后的新生代。这部分群体多为职业需要而对连环画发烧，例如平面设计师，往往会从连环画中获得灵感。第三类人群的加入反映了连环画收藏的一个发展趋势，就是收藏人群会越来越年轻化，连环画不会因年代的久远而消失。它的收藏讲究：

　　1. 年份

　　一般可分为清末民国，文革前，文革后到 1985 年，1985 年到现今。

　　2. 版别

　　要求一版一印，印数越少越好。

　　3. 质量

　　是不是名家的绘画作品，是否得过奖。

　　4. 品相

　　五品以上（不缺页、不缺封面、不缺封底，无污损），品相越好价格越高。

5. 艺术品位

以"文革时期"和"文革"前为佳。

6. 分类

以人民美术出版社，上海人民美术出版社为好，电影版的以中国电影出版社为佳。

7. 开本

常见有六十开、六十四开、三十二开、二十四开，开本越大越好。

8. 颜色

黑白色价格低于彩色的。

9. 装帧

平装价格低于精装的。

10. 套型

单本的价格低于成套的。藏品（连环画）上留有图书馆的装订痕迹和图书馆的收藏章，这样的连环画是可以收藏的，只是品相稍逊一点，价格会低于没有收藏章和装订痕迹（同等品相的条件下）的连环画。有缺页的连环画，是收藏连环画的禁忌，收藏它就没有意义了。

红酒收藏

收藏级红酒是市场的"硬通货"。实际上红酒本质上只是一种饮品，值得收藏的不过是红酒中的 1% ~2%，绝对的百里挑一。

近年红酒行业的整个产业链如同被打通"任督二脉"般一通百通，各个行业纷纷插足经营红酒，红酒代理商层出不穷，连锁酒庄全面铺开；艺术品拍卖市场中大规模出现红酒拍卖专场，香港地区的红酒拍卖引起空前的关注；红酒在消费终端大受青睐，普通收藏者也开始进行红酒收藏。

然而与此同时出现的是红酒收藏的乱象频生。"水不清才能浑水摸鱼。"红酒市场刚刚兴起肯定仍处无序状态，是不少商家所期盼的，可以趁机大赚一把。因此，市场上出现了各种怪现象，如低价从外国买进桶装红酒后在国内分装成瓶并加贴酒标；或把红酒的名字往世界名红酒的名称如"拉菲"身上靠，以误导对红酒的认识只停留于听过"拉菲"的收藏者；甚至连大品牌"拉菲"的"子品牌"也应运而生，模糊了收藏者的视线。

红酒在市场中的勇猛势头有目共睹。现在顶级葡萄酒的价位已经接近历史最高点。比如，2009 年的拉菲就被炒得很厉害，因为据说2009 年的拉菲是 2000 年之后最好的，于是前后也就一个月的时间，价格从两万多元涨到四五万元。据公开数据，2011 年上半年，香港拍卖市场的红酒成交总额达到 2 亿美元左右，约为 2010 年同期的两倍；2010 年，全球三大酒类拍卖公司的成交额比 2009 年几乎都翻了一番。根据拍卖行透露，亚洲买家已成为红酒拍卖市场的"生力军"，苏富比更透露全球苏富比洋酒拍卖总成交额中，亚洲买家占据 57% 的份额，其中中国香港及内地买家又占了大半壁江山。由此可见，葡萄酒的收藏和投资除了具备相应的知识之外，还要注意投资的时点和策略。

然而，自去年底红酒拍卖市场却出现了颓势，媒体报道尤以最著名的红酒品牌"拉菲"受到的影响首当其冲，整体市场价格下跌45% ~50%，有行家却还持"红酒泡沫仍存"的观点。不过，也有不少收藏行家认为，值得质疑的是具有泡沫的价格，而不是红酒本身的价值；如果不是盲目追高，以合适价格买入的收藏级红酒确是市场的"硬通货"，收藏价值不可否定。

对于市场种种误区，收藏者必须要意识到"不是所有红酒都有收藏价值"这个基础理念。大多数葡萄酒都是普通餐酒级别的，应该在

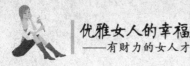

酿制后就立即饮用，因为它们并没有可以陈年存放的能力，放久了也就坏掉了。只有窖藏级别的葡萄酒才是能够并且值得收藏的，但是它们只占到葡萄酒总量的 0.1% 不到。以法国为例，共分为 VDT、VDP、VDQS 和 AOC 四个级别，只有 AOC 中的顶级葡萄酒才具有收藏价值。而且每款葡萄酒都有一个最佳饮用时间，只有在适饮年份出售才最值钱。

在投资或收藏葡萄酒时，主要考虑因素包括优良的质量、稀有性、陈年能力以及完美无瑕的来源。当然和其他投资一样，买家在合适的价格买入也是重点。只要选择最好的酒庄及挑选最好的年份，特别是波尔多的顶级酒庄，即使价格稍有浮动，也不用急于出售。

但从市场上可了解到，大部分普通收藏者认为价格在 1000 元以上的红酒就值得收藏。事实上，真正值得收藏的是世界八大名酒庄的产品，比如法国波尔多分级 5 级以内的酒庄；但也不是所有八大名庄的红酒都值得收藏，只有其中达到收藏级别的红酒；另外一些名酒庄的收藏级红酒也有收藏价值。

此外，对于红酒收藏爱好者而言，收藏红酒先学解读酒标。葡萄酒瓶上通常可以看到原产国酒厂的酒标签，还有按进口商及政府的规定附上的中文酒标签。酒标签常见内容包括葡萄酒名称、产区、等级、收成年份、酒厂名、装瓶者、产酒国、净含量、酒精度。

以勃艮第葡萄酒为例：酒标上的"Vin de Bourgogne"翻译成中文就是勃艮第的葡萄酒。勃艮第主要有红葡萄酒和白葡萄酒两种。

新世界的酒标一般都有详细的信息，如葡萄的种类、生产商、酿造年份、葡萄种植区、酒精含量都会在前标上出现，后标一般类似政府忠告等等。

意大利的葡萄酒酒标传递的主要信息是名字、种植区域、葡萄类型、庄园和生产商、酒精含量、葡萄收获年份、等级。

理财小测试

假设你花了150元，买了一张大型演唱会的门票，到了演出现场却发现门票丢了，你会再花150元买票进场吗？

同样是一场大型演唱会，但你打算到了演出现场再买票，买票前却发现丢了150元，不过你身上还有足够的钱，你会不会买票进场呢？

理财心理分析：

测试结果是：大多数人在第一种情况下，可能掉头而去，而遇到第二种情况却舍得再掏腰包。其实，两种情况下你都损失了150元，必须再花150元才能享受到精彩的表演。

大多数人觉得，第一种情况等于是买了2张票，花300元看一场表演，本来票价就嫌贵，花双份的钱当然就无法接受了；而第二种情况，你觉得丢了150元钱与看表演没有什么关系，钱是钱，票是票，你感觉票价还是150元。

划分心理账目是人们普遍的理财心理。有时候，这种心理的影响是积极的，因为把收入分门别类，赋予其不同的价值，可以避免浪费，有效地储蓄或投资。可人的自制力有限，比如你会精打细算地把每月3000元薪资细分为不同的账目：1500元留作日常消费，1000元存起来准备为孩子买一架钢琴，剩下的500元买点邮品收藏。这个时候的你是理性的。但是，假设你与同事一起逛商场，大家对你试穿的一件1000元钱的衣服赞不绝口，纷纷劝你买下来。于是，你毫不犹豫地买

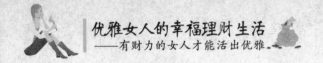

下了这件衣服。孰不知这不仅意味着你 500 元的邮品没有了，还意味着你这个月只剩下 1000 元的日常费用。这个时候的你就是情绪化的。为什么你会动用那 500 元呢？因为在你看来，500 元动用了无关紧要，下个月再说也可以。同样是钱，由于你划出了不同的账目，赋予了不同的价值，你的理财行为就出现了偏差。

假设你除了 3000 元的薪资外，又有了一笔 500 元的额外收入，你是把这 500 元与 3000 元一样看待，还是大手大脚地花掉这 500 元？一般人都会选择后者，因为在他们看来，500 元仿佛是意外之财，在你心中的价值就降低了。由此看来，你付出的精力越多，时间越长，就越会珍惜得到的回报；你不会珍惜那些付出精力少或时间短的回报，就像有些中了大奖的彩民，很快就把钱花完了，又回到以前的生活状态。这也是划分心理账目的一种表现。

一点建议：

越是面对突然而至的财富，越要进行冷处理。你可以先把那些意外之财单独储蓄起来，认真检查一下已划分好的账目，看看有没有透支的情况或者可以获利的机会。假设有个账目是专为孩子购买钢琴而建立的，只不过还差 2000 元，或者你持有的 ABC 公司的股票正蓄势待发，股价上涨指日可待，你的意外之财就可以派上用场，不至于在不知不觉中浪费掉。另外，如果你把"意外之财"储蓄 3 个月以上，情况就会发生变化。你不再视这部分钱为"意外之财"，因为它们储蓄在那里，就像你的小金库或备用金，给予你随心所欲支配这笔钱的机会，由此带来的满足感与日俱增，时间越长，你就越舍不得随意花掉。于是，你对"意外之财"的认知也就彻底转变了。这是以静制动的方法。